养猫，

这一本就够了

苏玉敏　编著

敦煌文艺出版社

图书在版编目（ＣＩＰ）数据

养猫，这一本就够了 ／ 苏玉敏编著. -- 兰州 ：敦煌文艺出版社，2022.1
ISBN 978-7-5468-2166-5

Ⅰ．①养 ⋯ Ⅱ．①苏 ⋯ Ⅲ．①猫－驯养 Ⅳ．①S829.3

中国版本图书馆CIP数据核字（2022）第016162号

养猫，这一本就够了

苏玉敏　 编著

责任编辑：张　桐
封面设计：仙　境

敦煌文艺出版社出版、发行

地址：（730030）兰州市城关区曹家巷1号新闻出版大厦

邮箱：dunhuangwenyi1958@163.com

0931－8152173（编辑部）

0931－8773112　0931－8120135（发行部）

运河（唐山）印务有限公司印刷

开本　710毫米×1000毫米　1/16　印张14.5　字数180千

2022年1月第1版　2022年1月第1次印刷

印数　1～20 000册

ISBN 978-7-5468-2166-5

定价：52.00元

目录
CONTENTS

Part 1
猫的品种和性格，挑选一只心仪的爱宠

Part 2
像照顾自己一样，照顾猫咪

Part 3

猫咪的历史和独特的身体构造

Part 4

猫咪的微表情、微行为

Part 5

猫咪那些让人头疼的行为

Part 6

训练猫咪，每天十分钟就够了

Part 7
猫咪的健康管理和疾病预防

Part

1

猫的品种和性格，
挑选一只心仪的爱宠

暹罗猫，来自皇宫的贵族

猫咪身份卡 ●

中文名 ▷ 暹罗猫

英文名 ▷ Siamese

起源地 ▷ 泰国

起源时间 ▷ 14 世纪

特征 ▷ 头盖平坦，鼻梁高直，杏眼蓝眸，
两耳直立并大而尖，基础毛色浅，
耳、鼻、爪和尾巴等局部毛色较深，
从嘴巴到两耳形成 V 形，叫声像
婴儿啼哭

体形 ▷ 2.5 ~ 4 千克，中小型猫

被毛 ▷ 短毛

性格 ▷ 忠诚，活泼，对陌生人有戒心

暹罗猫是很多女孩子青睐的猫品种，也是短毛猫的代表品种之一，它们的特点非常突出，蓝宝石色的眼睛、仿如戴着假面的脸、修长的身型……安静的时候，体态优雅，表情庄重，由内而外散发着从容、尊贵的贵族气质。

 **猫咪外形**

暹罗猫的头部有点像楔子。鼻梁又高又直，从鼻端到耳尖的连线基本上是一个等边三角形。它们虽然脸瘦瘦的，但是耳朵很大，像猫中的吉娃娃，深蓝色或湖蓝色的

眼睛让它们显得非常精致。它们的被毛短而光滑，毛色由基础色和重点色两部分组成，全身绝大部分是米色或象牙色的浅色调基础色，只在耳朵、面部、脚爪和尾巴等部位呈现较深的重点色，面部的重点色像面具一样覆盖在面部中央，极具特色。重点色通常为海豹色、蓝色、巧克力色、紫色、橘红色等。

猫咪起源

暹罗猫是真正的皇室贵族出身，其原产地是泰国（古时称暹罗）。200多年前，它们被饲养在泰国的王宫和大寺院中，后来被人带到了西方国家，很快就在猫展上引起震动。如今暹罗猫已经成为世界著名的短毛猫代表品种之一。

猫咪性格

暹罗猫聪明而忠诚，非常黏人。但是，它们有着与生俱来的贵族后裔的任性和倔强，嫉妒心也很强，常常不能与其他宠物和平共处。在日常生活中，它们好奇心很重，对一切事物都喜欢一探究竟。但它们更喜欢的是陪伴在铲屎官的身边，甚至可以和铲屎官一起外出散步。

暹罗猫对铲屎官的忠诚度很高，如果你强行把一只成年的暹罗猫从铲屎官身边带走，那它可能会对你又抓又咬，甚至不吃不喝，产生抑郁心理。

暹罗猫的叫声也比较个性，像婴儿的啼哭声，而且嗓门还挺大，铲屎官可能常常会因此而感到苦恼。

异国短毛猫，安静的陪伴型猫咪

猫咪身份卡 •

中文名 ▷ 异国短毛猫

英文名 ▷ Exotic Shorthair

起源地 ▷ 美国

起源时间 ▷ 20 世纪 60 年代

特征 ▷ 头大脸圆两腮肥，鼻梁塌陷，鼻
头短翘，鼻型整体呈扁平态，胸
宽腿短，毛短而浓密，体态浑圆

体形 ▷ 2.5 ~ 5.5 千克，中型猫

被毛 ▷ 短毛

性格 ▷ 安静，温顺，忠诚，亲疏有别，生
人勿近

异国短毛猫就是人们常说的加菲猫，是由美国短毛猫和波斯猫交配繁育而来的
品种，继承了波斯猫可爱、富有喜感的大饼脸，被毛短而浓密。这个品种的猫性情
温顺，安静，忠诚度高，是很好的陪伴型宠物。但是它们胆子较小，见到陌生人会
害怕地远离或躲藏起来。

 **猫咪外形**

异国短毛猫的脑袋又大又圆，大饼脸，塌鼻梁，圆圆的眼睛和短翘的鼻头皱在一起，
呈现出一副仿佛受了委屈求安慰的表情。异国短毛猫的品相有一个简单的判断方法，

叫"三点一面"：鼻子和两个眼睛在一个平面的就是最完美的。

异国短毛猫眼睛的颜色丰富，有深蓝色、红铜色、金黄色、绿色等。它们脖子短而粗，躯体浑圆微胖，拥有真正的"五短"身材，尾巴和四肢俱短，看起来慵懒不好动。但其实，它们身上的肌肉是很发达的，玩耍或追逐猎物时，它们往往非常灵活，显得十分敏捷和轻快。它们的被毛短而顺滑，十分浓密，毛色也多种多样，有白色、黑色、蓝色、红色、金色、银色及点状斑纹的花色等。

猫咪起源

异国短毛猫源于 20 世纪 60 年代的美国，育种专家为了改进美国猫的毛色并增加其体重，以人工方式将波斯猫和美国短毛猫交配，因而繁育出了新的品种。所以，这种猫咪除了身上的被毛比较短之外，在体形、头、脸、相貌等方面都和波斯猫比较类似。

猫咪性格

虽然异国短毛猫的样子有些滑稽，但是它们性情温顺，喜欢静静地趴卧在桌子或柜子上，不会经常黏着铲屎官撒娇、求关注。但是在它们心中，铲屎官是唯一可信赖的人，因此它们的忠诚度一般都很高。不过，它们胆子比较小，不喜欢和陌生人接触，当家里来客人时，它们会离得远远的，或者干脆躲起来。

美国短毛猫，治愈系的天使猫

猫咪身份卡 ●

中文名 ▷ 美国短毛猫

英文名 ▷ American Shorthair

起源地 ▷ 美国

起源时间 ▷ 17 世纪

特征 ▷ 头圆脸大，眼睛是淡绿色、天蓝色或者琥珀色，鼻梁微微下陷，被毛浓密厚实，擅长跳跃

体形 ▷ 3 ~ 6.5 千克，中型猫

被毛 ▷ 短毛

性格 ▷ 聪明伶俐，心思细腻，能体会到铲屎官的情绪变化，温顺随和，能与儿童及家中其他宠物和谐相处

美国短毛猫有传奇的历史。现在的美国短毛猫是由欧洲短毛猫与美国当地土生土长的猫交配而成的品种。它们的毛色种类非常丰富，多达 30 余种，其中最常见的是在银白色的体毛间嵌有深黑色条纹的银白虎斑纹，这种毛色的美短猫很受人们的喜爱。

 ## 猫咪外形

美国短毛猫的体型粗壮结实，身上的短毛浓密厚实，抱在怀里柔软温暖，完全没有看上去那么重。当然啦，浓密厚实的被毛可以帮它们抵抗寒冷的天气。它们的眼睛

多是淡绿色、天蓝色或琥珀色，鼻梁微微下陷，鼻梁上端有着类似虎纹的深色条纹。

美国短毛猫有丰富的毛色种类，主要有单色、渐变色、烟色、混合色、斑纹色等。

黑灰色美国短毛猫的底层绒毛是白色的，但是外层被毛是黑色的，在它们走动时会显露出黑白相间的效果。

美国短毛猫还有多种虎斑纹被毛类型，很受大众的欢迎。主要有棕色碎斑、红白色虎斑、乳黄虎斑、蓝色虎斑、银白色虎斑等。

猫咪起源

美国短毛猫的身世很有传奇色彩。17 世纪时，欧洲人漂洋过海来到美洲大陆，他们为了消灭船上的老鼠，每次出海前都携带几只猫。后来，这些人带着猫咪一起在美洲大陆定居下来，人们把欧洲猫咪和美洲本土的猫咪一起饲养，杂交育种产生了新的品种，这就是美国短毛猫。如今它们是美国家庭最喜爱的宠物之一。

猫咪性格

美国短毛猫生性温和，对铲屎官十分依恋，是一种适合有孩子的家庭饲养的宠物。此外，它们还有着较高的智商，经过训练，能够轻松领会铲屎官的指令，还特别喜欢和铲屎官互动做游戏。而且它们往往能够与家里其他宠物和谐相处，一起快乐玩耍。

美国短毛猫是一种情感细腻的喵星人，能够感知铲屎官情绪的细微变化。每当铲屎官不开心时，它们会主动趴在一旁关心地看着铲屎官，或者在铲屎官身边亲昵地蹭来蹭去，简直像治愈系的小天使。据媒体报道，美国短毛猫还曾用温暖的陪伴协助铲屎官进行抑郁症的治疗。

中国狸花猫，聪明的"荒野猎手"

中文名 ▷ 中国狸花猫

英文名 ▷ Chia Lihua / Dragon-Li

起源地 ▷ 中国

起源时间 ▷ 13 世纪前

特征 ▷ 体长而矫健，平衡度极佳，眸色有绿色、黄绿色、浅棕黄等，被毛短且硬，全身覆盖斑纹，尾部多为黑色环纹

体形 ▷ 3 ~ 6.5 千克，中型猫

被毛 ▷ 短毛

性格 ▷ 活泼机敏，忠诚勇敢，独立性强，不黏人，模仿力强

狸花猫是中国本土猫品种，历史非常悠久。狸花猫有一身威武的虎纹被毛，捕鼠能力强，既能看家护院，也能去户外捕猎，平时我行我素，特立独行，不愿意受到过多的束缚。它们遍布我国大江南北，古代典籍、多类题材的影视剧中都有它们的身影。

 **猫咪外形**

中国狸花猫头圆脸大，身形矫健，覆盖全身的虎斑状花纹是这种喵星人最明显的外貌特征，尾部是黑色环状花纹，整体看上去十分威武。它们的被毛短而硬，每一根

毛上都有三种颜色。由于没有浓密厚实的绒毛打底，所以它们的抗寒能力较差。

它们眼睛的颜色有绿色、黄绿色、浅棕黄色，眼周还有漂亮的眼线。

狸花猫耳朵的基部比很多其他品种的猫咪要大，这有利于它们在户外捕捉细微的声音。

 **猫咪起源**

狸花猫是我国本土特有的猫品种，从古至今它们一直活跃在我国各地，也经常出现在各种历史典籍和民间传说中。经历了漫长严酷的环境考验，狸花猫独立生存的能力越来越强，在消除鼠害方面也成为人类得力的助手。但是它们直到 21 世纪初才作为中国特有猫种首次正式通过 CFA 认证，得到世界的公认，拥有了专属于自己的正式名称。

 **猫咪性格**

与大多数的宠物猫相比，中国狸花猫性格独立，并且聪明能干。它们对铲屎官非常忠诚，但却不会与铲屎官过于亲近，通常不喜欢被抱在怀里抚摸。它们喜欢有自己的一片空间，喜欢独自在院子里或家的周围四处溜达。

狸花猫生性活泼勇敢，行动机敏，在同类或者其他小动物面前，会表现出强悍的战斗力。而对于陌生人，它们有着较高的警惕性，如果家中来了客人，它们会躲得远远的，蹲在一个角落里睁大眼睛观察着对方，更会毫不留情地拒绝对方拥抱的要求。

德文卷毛猫，牵去街上遛遛啊

猫咪身份卡 ●

中文名 ▷	德文卷毛猫
英文名 ▷	Devon Rex
起源地 ▷	英国德文郡
起源时间 ▷	20 世纪 60 年代
特征 ▷	被毛短而卷曲，头部小，耳朵硕大，叫声小
体形 ▷	2.5 ~ 4 千克，中小型猫
被毛 ▷	短毛
性格 ▷	活泼好动，好奇心强，非常黏人

　　初次看到德文卷毛猫，会觉得它长得像《哈利·波特》里魔法师家中的小精灵，瘦小的身躯、卷曲的被毛、小小的脸庞、大大的眼睛、异常硕大的耳朵，还因为黏人和喜欢摇尾巴而获得了"卷毛狗"的绰号。

 **猫咪外形**

　　德文卷毛猫有独特的外形，让人见之难忘。它们体型娇小，脖子和四肢细长，小小的楔形脑袋，又圆又大的眼睛占据了脸部的"主场"，鼻梁微微下陷，两只"招风"大耳非常突出，看上去跟脑袋的比例很不协调。

　　它们身上的被毛是卷曲的短毛，而且很少掉毛，所以毛发很容易打理。别看它们的身材比较瘦小，但是运动能力十分出色。玩耍或者捕捉猎物时，它们的敏捷和灵活程度令人啧啧称奇。

作为全色系的猫咪，它们身上的毛色有单色、双色、三色和渐变色。

猫咪起源

相传，在 20 世纪 60 年代，英国德文郡地区就有了这种卷毛猫的踪迹。有一户人家收养了一只流浪的卷毛猫，在对它进行长期的繁育后就形成了基因稳定的卷毛猫品种，后来人们将这种猫命名为"德文卷毛猫"。

猫咪性格

德文卷毛猫有着很强的好奇心，而且胆子比较大，不怯生，喜欢在家附近玩耍、探险，有着旺盛的精力和活泼的性格，每天醒来后都在不停地玩耍和运动。

德国卷毛猫特别黏人，不愿意铲屎官脱离自己的视野范围，总喜欢黏在铲屎官身上求撸，喜欢和铲屎官一起出去旅行，或者陪铲屎官出门散步、闲逛。看到陌生人也不怯生，常常会"自来熟"。虽然它们是活泼好动的猫咪，但当它们和铲屎官一起玩耍及外出时，会乖乖地听从铲屎官的指令。在一些地区常常有人牵着自己的德文卷毛猫出门散步，吸引了不少行人的目光。

英国短毛猫，古罗马时期的古老猫咪

猫咪身份卡

中文名 ▷ 英国短毛猫

英文名 ▷ British Shorthair Cat

起源地 ▷ 英国

起源时间 ▷ 19 世纪 70 年代

特征 ▷ 身材矮胖，头部圆阔，鼻梁微陷，
脖子短而肥，胸膛宽阔饱满，被
毛短而密实，四肢粗短

体形 ▷ 3.0 ~ 7.5 千克，中型猫

被毛 ▷ 短毛

性格 ▷ 胆大，温顺，安静，慵懒，较独立，
对陌生人和其他动物有警惕心

英国短毛猫矮胖浑圆，憨态可掬，是温顺而慵懒的一种喵星人。它们有着悠久的家族历史，1871 年，在英国水晶宫举行的猫展上，英国短毛猫被大众熟知，如今的它们已成为广受人们喜爱的一种家庭宠物。

 **猫咪外形**

英国短毛猫给人的第一印象是圆滚滚、萌萌哒，四肢粗短，好像笨手笨脚的样子。但其实，它们的身手很敏捷，是一种捕鼠能力很强的家猫。

英国短毛猫最特别的地方是眼睛和被毛，它们的眼睛有金黄色、橙色、红铜色等颜色，

被毛又短又浓密，能抵御英伦半岛潮湿寒冷的天气。被毛的颜色常见有蓝灰色、白色、黑色、渐变色、虎斑色、三花色等。其中灰蓝色被毛的英国短毛猫最为知名，也最受人们喜爱。因此，参加国际猫咪大展的英国短毛猫常常是蓝色被毛的猫咪，它们也被称为英国蓝猫。

在中国，比较常见的英国短毛猫是金渐层和银渐层，这两种英国短毛猫是很多人喜欢的类型，从毛色上看，它们属于双色或多色系，因为身上被毛颜色渐变而得名。

银渐层由蓝灰色英国短毛猫与金吉利猫繁育而成，背毛的六分之一到八分之一为灰黑色，其他部分为白色。银渐层的眼睛非常圆润，一般在满月时，眼睛是蓝色的，但这并不是它们眼睛的最终颜色，等它们长到 4 个月左右，眼睛颜色才会最终确定下来。银渐层的价格也与眼睛颜色直接相关，最贵的是蓝色眼睛的猫，其次为绿色、黄绿色、黄色。

金渐层被研究的时间不长，作为银渐层的基因变异，被一些研究者挑选出来，逐渐形成了单独的繁育体系。金渐层底层绒毛为浅蜜黄色到亮杏黄色，背部、两肋、头部和尾巴处的被毛毛尖为黑色，两种颜色对比，让整个猫看上去呈现出非常漂亮的金黄色。金渐层的眼睛边缘有黑色轮廓，鼻尖粉红色，眼睛为绿色或者蓝绿色。金渐层的被毛颜色会随着季节和年龄发生变化，有的猫咪小时候毛色看起来很灰暗，但是到3 岁左右会变得非常鲜亮。

猫咪起源

英国短毛猫的起源可以追溯到古罗马时代，据说在古罗马军队入侵英伦三岛时，他们从欧洲大陆引入了大量的家猫帮助军队的仓库解决鼠患问题，这些被引入的家猫和不列颠群岛上的本土野猫杂交产生了英国的"田园猫"，它们就是英国短毛猫的祖先。

猫咪性格

英国短毛猫在猫咪家族中是出了名的"大懒虫"，它们绝大多数时间不是睡觉，就是在懒洋洋地打盹儿。这和其他猫咪们活泼好动的性格形成了鲜明的对比。它们性格非常温柔，喜欢安静，即使周围其他动物或小朋友们相互打闹也不会影响到它们。

雪鞋猫，新手养猫者的首选

猫咪身份卡 ●

中文名 ▷ 雪鞋猫

英文名 ▷ Snowshoe

起源地 ▷ 美国

起源时间 ▷ 20 世纪 60 年代

特征 ▷ 四爪雪白，眼睛是湛蓝色，脸上
有倒 V 形斑纹，被毛为厚实的短毛

体形 ▷ 4.5 ~ 5 千克，中型猫

被毛 ▷ 短毛

性格 ▷ 活泼主动，温顺友好，渴求宠爱，
非常喜欢水

"四蹄踏雪"是雪鞋猫最大的特点，就好像脚上穿了小白鞋一样，这也是它们名字的由来。蓝色系的眼睛是雪鞋猫的另一大特点，从苍白的浅蓝色到澄澈的湛蓝色，都是雪鞋猫的眼睛可能呈现的颜色。

 **猫咪外形**
●●● ●●●

由于雪鞋猫是混合色的美国短毛猫和暹罗猫交配而成的，所以它们的外形兼具了两者的特点：像美国短毛猫一样身材魁梧、肌肉发达，同时也像暹罗猫一样，被毛的毛色由基础色和重点色组成，脸上有倒 V 形斑纹。

雪鞋猫的四个脚爪都是雪白的，它们的名字就来自这个特点。它们全身的被毛颜色丰

富，但无论什么颜色的雪鞋猫，从嘴到胸的毛全都是白色的，就像是系着一个白色围兜。

雪鞋猫一出生就这么可爱、特别吗？

其实在刚刚出生时，雪鞋猫全身都是白色的，2 岁后，它们才完整地长出重点色，拥有独一无二的花纹。

如果只看脸的话，可能会觉得雪鞋猫和布偶猫傻傻分不清，但二者其实还是有很大区别的。比如，雪鞋猫的原产地是美国，布偶猫的原产地是缅甸；比起布偶猫，雪鞋猫的身材更加修长，脸也更加小，是真正的模特身材；雪鞋猫的侧脸线条偏直，额头与鼻梁在同一条垂直线上，布偶猫的侧脸线条凹凸有致，有一个小翘鼻。

 猫咪起源

雪鞋猫的起源要追溯到 20 世纪 60 年代，美国费城的一只暹罗猫产下三只幼猫，每只幼猫的腿脚上都有白色斑纹，这一特征引起了培育者的注意。为了保留并稳定这种体征，培育者尝试用双色的美国短毛猫和暹罗猫进行配对，最终有一位名叫维基·欧兰达的培育者育成了这种融合了美短和暹罗猫外貌特点，并且四爪雪白的品种猫，在 1974 年的猫展上获得了人们的认可与喜爱。

 猫咪性格

为什么说雪鞋猫是新手养猫者的首选呢？

因为这种猫无论是在性格上还是在生活习惯上都非常随和，几乎没有什么特别的禁忌。性格方面，它们聪明好动，情绪稳定，不喜欢凑热闹，更喜欢和铲屎官待在一起。它们对陌生人很友好，和其他猫咪狗狗相处起来也很融洽。

生活习惯方面，它们也不给铲屎官添麻烦，哪怕是大多数猫咪最抗拒的洗澡，雪鞋猫一般都不会让铲屎官为难，因为它们非常喜欢水，甚至会主动跳进浴缸里。

总的说来，雪鞋猫仿佛是猫的身体里住着狗的灵魂，非常适合缺乏养猫经验的新手饲养。

俄罗斯蓝猫，西伯利亚的"冬日精灵"

猫咪身份卡 ●

中文名 ▷ 俄罗斯蓝猫

英文名 ▷ Russian Blue Cat

起源地 ▷ 俄罗斯西伯利亚地区

起源时间 ▷ 17 世纪

特征 ▷ 翠绿色的眼睛，嘴角微微上翘，
耳朵大而直挺，银蓝色的被毛，
肉垫和鼻尖的皮肤是蓝色的

体形 ▷ 2 ~ 5.5 千克，中型猫

被毛 ▷ 短毛

性格 ▷ 性格高冷，胆小，亲近铲屎官但
并不黏人，能与其他宠物友好相
处，对陌生人有较强的戒心

俄罗斯蓝猫来自寒冷的西伯利亚地区，它们身材修长，微微上翘的嘴角像"蒙娜丽莎的微笑"一样迷人。它们是俄罗斯皇室、英国皇室等欧洲王公贵族们喜爱的宠物之一。

 猫咪外形 ● ● ● ●

俄罗斯蓝猫体形修长，姿态优雅，被毛短而浓密，有着天鹅绒一般的质感。毛色是极富光泽的银蓝色，贴近皮肤处有着厚实的灰蓝色底层绒毛。它们的脸庞呈 V 形，嘴角微微上翘，看上去仿佛是在微笑，杏仁状的双眼是翠绿色的，鼻尖和脚下的肉垫皮肤为蓝色，耳朵大而直挺，颈部细长，结实而修长的四肢使它们的个子看起来高高的。它们的尾巴也很有特点，从根部向尾尖是逐渐变细的。它们从头到脚的被毛都是同一色系。

猫咪起源

据说，俄罗斯蓝猫最早出现在俄罗斯的西伯利亚地区阿尔汉格尔斯克港附近，因此曾经被称为"阿尔汉格尔斯克猫"。那里的冬季非常寒冷，但它们却能在这样的自然环境中自由自在地生活，抗寒能力令人啧啧称奇，简直像是西伯利亚的"冬日精灵"。

19世纪，英国还曾称它们为"阿坎吉耳猫"，一直到20世纪初期，它们才被正式命名为"俄罗斯蓝猫"。

猫咪性格

俄罗斯蓝猫虽然来自寒冷的西伯利亚地区，但是它们的性格并不像"战斗民族"那样彪悍，甚至有点胆小怕生，极少大声叫唤。它们在家里非常安静，特别适合喜欢安静的人士喂养。它们对铲屎官亲近而信赖，能很好地领会铲屎官的意图，但是它们并不黏人，喜欢有自己的独立空间，不喜欢被人过度宠溺，不喜欢过于亲密的身体接触。它们能够与家里的其他宠物友好相处，但对陌生人有较强的戒备心理，绝不会像有些猫咪那样和陌生人愉快地玩耍。

夏特尔猫，优雅的法国蓝猫

猫咪身份卡 ●

中文名 ▷ 夏特尔猫

英文名 ▷ Chartreux

起源地 ▷ 法国

起源时间 ▷ 16 世纪

特征 ▷ 蓝色的皮肤与被毛，金黄色眼睛，
灰色肉垫，密实的短毛和细细的
绒毛

体形 ▷ 4 ~ 7 千克，中型猫

被毛 ▷ 短毛

性格 ▷ 生性温和，聪明伶俐，独立安静，
对陌生的人和其他宠物有警惕心

夏尔特猫拥有迷人的金黄色或橙黄色眼睛，浓密的蓝色被毛，结实匀称的体型，
悠然自得的神态和温文尔雅的步伐，犹如一位魅力十足的绅士。

 **猫咪外形**

夏特尔猫的身材结实，像一只充满了力量的小豹子。

它们的头宽而圆，脸型有点像倒梯形，有着胖嘟嘟的脸颊，而且，大多数雄性夏
特尔猫还有双下巴呢。夏尔特猫的鼻子又直又宽，圆圆的大眼睛外侧稍微上斜，双眼

的间距有些宽，眼睛有金黄色或橙黄色等颜色，远远看去显得特别有精神。它们的脖子又短又粗，胸膛宽厚，肌肉结实，看起来有很强的力量感。可爱的肉垫是灰色的，尾巴根部比较粗，到顶端变得又细又圆。

它们浑身上下是密实的短毛，但是它们的毛在短毛品种中又算是比较长的，具有很好的防水功能。此外，贴近皮肤的地方还有细细的绒毛，因此，它们有很强的抗寒能力。夏尔特猫的毛色有蓝色、烟灰色、石板灰色、棕色或红色，但最受人欢迎的是明亮的蓝色被毛。这个品种的猫还有一个隐藏的特点，它们的皮肤也是蓝色的。

 猫咪起源

夏特尔猫起源于 16 世纪的法国修道院，到了 18 世纪时，还有人将它们看作是法国的代表性猫咪品种。到了 20 世纪 30 年代，它们已经得到人们的广泛关注，并得到一些动物学家的重视，被命名为"法国蓝猫"。如今，它们已经成为全世界爱猫人士们喜欢的猫咪品种之一。

 **猫咪性格**

夏特尔猫生性温和，能和铲屎官培养出很深的感情，在铲屎官面前表现得聪明伶俐。同时它们又具有一定的独立性，是一种喜欢安静的猫咪，极少在家里大声叫唤。它们对陌生的人和其他猫狗有一定的警惕心，但不会随便攻击它们。如果陌生人友好而温柔地对待它们，它们也能很快和人玩到一起。

彼得秃猫，相貌另类又恋家

猫咪身份卡 ●

中文名 ▷ 彼得秃猫

英文名 ▷ Peterbald

起源地 ▷ 俄罗斯圣彼得堡

起源时间 ▷ 20 世纪 80 年代

特征 ▷ 无毛或短绒毛，招风大耳，V 形脸，
眼睛杏核状，尾巴纤细，身上有
一层细细的绒毛

体形 ▷ 3 ~ 4.5 千克，中型猫

被毛 ▷ 无毛或短绒毛

性格 ▷ 生性活泼，好奇心强，喜欢和小朋
友一起玩耍，忍耐力较高

彼得秃猫没有其他喵星人那样柔软漂亮的被毛，它们有着光溜溜的皮肤，瘦小的脸和一双大大的招风耳，有点像外星人，但它们却是一种名贵的猫咪呢。

 猫咪外形
● ● ● ●

彼得秃猫最大的特点是猫皮柔软并带褶皱，可以说长相非常另类。

它们的脸是 V 形的，又瘦又小，两只大大的杏核眼，嘴巴尖尖的，眼睛颜色多为金黄色。除了被毛之外，就数它们的耳朵最有特点了，直直竖立的两只招风大耳看上

去仿佛比它们的头还要大，耳朵底部很宽，耳尖是圆弧形状。

它们的四肢略微有些短，尾巴又细又长，毛色既有白色、灰色等单色，也有虎纹色或其他颜色。

对彼得秃猫被毛较为常见的描述有：秃、类麂皮、羊绒、刷子状和直毛。可见，彼得秃猫的种类细分起来还不少，虽然被称为"秃猫"，却并不是完全没有毛的。

 ## 猫咪起源

说起彼得秃猫的起源，要提到俄罗斯圣彼得堡的动物学家了。20 世纪 80 年代末 90 年代初，经过一段时间的杂交培育，动物学家繁育了无毛的新品种。后来，人们将这种猫咪的出生地和身上几乎无毛的特点组合，将其命名为"彼得秃猫"。

 ## 猫咪性格

彼得秃猫生性活泼，对身边的一切事物都有很强的好奇心。它们在家里喜欢把各种小东西当作玩具，玩得不亦乐乎。它们和铲屎官的关系非常密切，特别忠于铲屎官，还喜欢和小朋友一起玩耍。

别看它们的相貌比较怪异，但是它们的脾气非常好，忍耐力也较高，是一种很适合有小孩的家庭喂养的猫咪。它们能很快和其他宠物、家里的客人玩到一起。

呵叻猫，高智商的完美朋友

猫咪身份卡 ●

中文名	▷ 呵叻猫
英文名	▷ Korat
起源地	▷ 泰国呵叻高原
起源时间	▷ 14 世纪
特征	▷ 鸡心型的头部，浑身银蓝色被毛
体形	▷ 2.7~4.5 千克，中型猫
被毛	▷ 短毛
性格	▷ 性格温顺，聪明乖巧，对陌生的人和事物有警惕心

呵叻猫是世界上最早有记载的高贵猫咪品种之一。从 14 世纪至今，泰国呵叻府的人们一直把这种猫作为吉祥的象征，他们亲切地称其为"西塞瓦特"。当地年轻人结婚时，人们常送给新人一对呵叻猫作为贺礼，表达吉祥如意的祝福。如今，呵叻猫以特有的聪明、文静和忠诚的品行赢得了全世界爱猫人士的青睐。

 猫咪外形

呵叻猫长着一身漂亮的银蓝色被毛，每根毛的顶端都是银色的，成千上万根银尖蓝底的被毛密密地排在一起，在阳光下，它们的被毛会闪烁出银丝一般的光泽。

从正面看，呵叻猫的头部呈现漂亮的鸡心形状。它们的前额比较扁平，耳根部位

较宽，耳尖是圆弧形。它们绿色的眼睛又大又圆，微微倾斜，小小的"吊角眼"令很多人为之着迷。呵叻猫属于中等身材，有着很强的爆发力和良好的敏捷性。

呵叻猫和俄罗斯蓝猫都有银蓝色的被毛和绿色的眼睛，因此总是被很多人混淆。其实，从外形上就很容易分辨出来：俄罗斯蓝猫的被毛是双层的，有着瘦长的体型，而科拉特猫只有单层的被毛，身材较短，属于是不完全短身型。

猫咪起源

呵叻猫原产于泰国呵叻高原，1959年才被引进美国，逐渐受到美国民众的认可，其后又被引入欧洲。

猫咪性格

呵叻猫外形十分尊贵，性格内向而腼腆。它们叫声轻柔，性情温顺，跟铲屎官非常亲近，但对陌生人却十分警惕。当人们被呵叻猫那一身丝滑的被毛吸引，想要伸手去抚摸它们时，它们会警觉而敏捷地避开。

这种古老而尊贵的猫有着远超同类的高智商，通过训练能学会很多有趣的技能，比如，这种猫能像狗狗一样捕捉扔出去的玩具，能用后腿站立，也能配合铲屎官玩一些杂技般的游戏，是再合适不过的玩伴。

孟买猫，情感丰沛的"小黑豹"

中文名 ▷ 孟买猫

英文名 ▷ Bombay Cat

起源地 ▷ 美国

起源时间 ▷ 20 世纪 60 年代

特征 ▷ 全身黑色被毛，眼睛是黄铜色或
琥珀色

体形 ▷ 2.5~4.5 千克，中型猫

被毛 ▷ 短毛

性格 ▷ 生性沉稳，亲近人

孟买猫有着绸缎般的黑毛，安静的时候像豹子一样浑身散发着神秘、高冷的气质，让人不敢亲近，但其实它们是一种很亲人的猫咪。

 **猫咪外形**
● ● ● ●

孟买猫的头部比较圆，但仔细看，会发现它的脸颊胖乎乎的，像是带着点婴儿肥。它们的鼻子稍微有点凹陷，但是算不上是塌鼻梁，眼睛的颜色是黄铜色或琥珀色，很多人为它们的眼睛着迷。它们的耳朵稍微有一点向前倾斜，两耳之间的距离比较大，和圆乎乎的脸庞非常协调。

孟买猫这种缩微版的"黑豹"，个头小，但肌肉发达结实，体重可不轻。

　　孟买猫小时候发育比较慢，而且身上的颜色并不是纯黑色，有的会有些虎斑纹，有的是淡黑色。孟买猫身上携带浅毛色的基因，它们在第一次换毛时会生长出棕色的毛发，而且，如果孟买猫营养不良或者体内寄生虫滋生，毛色也可能发生改变，成为棕色毛发。

猫咪起源

　　孟买猫是在1958年由美国育种学家杂交培育出来的品种，是缅甸猫和美国黑色短毛猫杂交的后代，属于现代品种。因为与印度豹有相似的外形，便借了印度孟买市的名字，为这个品种取名为"孟买猫"。

猫咪性格

　　很多人第一次看到孟买猫，会感到害怕，其实不用担心，它们性格温顺黏人，对人类有着天生的亲近感，即使对陌生人都比较热情。孟买猫喜欢和人做伴，你要是常常抚摸它，它会更开心的。

　　如果你是一个喜欢运动的人，那孟买猫是一种非常不错的运动伙伴。孟买猫是名副其实的运动型猫，孟买猫比较贪玩，有强烈的好奇心，喜欢玩抛接游戏，是很棒的"陪玩专家"。当然，仅限在室内运动锻炼哦，如果进行户外运动，它们就会放飞自我，四处撒欢，甚至有走失的风险。

新加坡猫，迷失在下水道的小不点

猫咪身份卡 ●

中文名 ▷ 新加坡猫

英文名 ▷ Singapura

起源地 ▷ 新加坡

起源时间 ▷ 20 世纪 70 年代

特征 ▷ 个头异常小，额头有 M 形斑纹，
眼眶带有黑色眼线

体形 ▷ 2 ~ 2.5 千克，小型猫

被毛 ▷ 非长绒毛

性格 ▷ 温顺，外向，喜欢和铲屎官玩耍

新加坡猫身型娇小，叫声轻微，是体型最小的猫咪品种之一。

🐈 猫咪外形

新加坡猫算得上全世界体型最娇小的家猫了，成年新加坡猫的体重也不会超过 2.5
千克。它们的身型虽然小，却有着一对显眼的大耳朵，眼睛四周有淡淡的黑色，像是
画了眼线，很可爱。它们长着一身短毛，被毛的毛尖色有很多种色阶。

猫咪起源

在它们的原产地新加坡，新加坡猫并不受重视。很少有家庭愿意专门饲养这种猫，它们无奈中只能生活在城市的下水道中，靠人类的食物残渣和捕鼠为生。在20世纪70年代，有美国人在新加坡生活时偶然发现了它们，觉得很有趣，就带回美国几只，开始了正式的育种工作。十几年后，这种猫得到了世界公认，并且有了一个正式的名称：新加坡猫。

猫咪性格

这种可爱的小型猫性格温顺又活泼，它们对铲屎官有着强烈的亲近感和忠诚度。有着较高的智商，能明白铲屎官的很多指令，并且愿意遵守，很受人们欢迎。

新加坡猫个头虽小，但是有着非常发达的运动神经，经常在家里撒欢玩闹，而且对于管道、孔洞有着天生的好奇。

缅甸猫，有孩子的家庭会更喜欢

猫咪身份卡 ●

中文名 ▷ 缅甸猫

英文名 ▷ Burmese

起源地 ▷ 缅甸

起源时间 ▷ 20 世纪 30 年代

特征 ▷ 脸上有一道明显的深色被毛，金黄色眼睛，叫声温柔，圆头圆脑圆身躯

体形 ▷ 3 ~ 6 千克，中型猫

被毛 ▷ 短毛

性格 ▷ 温和活泼，是孩子的好玩伴

缅甸猫圆乎乎的，脸部正中有深色的被毛，好像刚从灶台钻出来蹭了一鼻子灰。它们有一张天生表情包的脸，天然呆萌的表情，吸引了很多爱猫人的关注。

 **猫咪外形**
● ● ● ●

这种可爱的猫咪很容易识别，它们的脸庞、眼睛以及全身，都是圆乎乎的。在它们的家族里，绝大多数成员的脸上有一块儿磨不掉的"黑胎记"，就是以鼻梁为中心，覆盖大半个面部的深灰色被毛，和身体其他部位颜色较浅的被毛相比，显得格外突出，也特别有趣儿。它们的眼角微微上吊，金黄色的眼睛看起来炯炯有神。缅甸猫四肢比

较长，四个爪子却小小的，走路的时候有种不言而喻的文雅气质。

猫咪起源

在 20 世纪 30 年代，有美国人在缅甸生活时喜欢上了当地一种咖啡色的猫，并把它们带回了美国。后来，人们把这种猫和暹罗猫交配，经过改良后，就形成了现在的缅甸猫。有趣的是，缅甸猫和暹罗猫再次配种后生下来的猫咪是一个新的品种：东奇尼猫。

猫咪性格

缅甸猫的性格就像它给人的第一印象：温和又活泼。和人相处时，它们表情呆萌，常常发出温柔的叫声，伴随着一些好玩的动作，经常轻松获得铲屎官的欢心。当家里有陌生人拜访时，它们也能像铲屎官一样表现得热情好客。

日本短尾猫，我是一只招财猫

中文名 ▷ 日本短尾猫

英文名 ▷ Felis catus

起源地 ▷ 日本

起源时间 ▷ 11 世纪

特征 ▷ 被毛底色为白色，额头、后背、
尾部为三色或其他色，尾巴仅
5 ~ 7 厘米

体形 ▷ 3 ~ 5.5 千克，中型猫

被毛 ▷ 短毛或长毛

性格 ▷ 天生聪颖，脾气温和

日本短尾猫又名日本截尾猫，它们身形优美，被毛有三种颜色，像兔子似的短尾巴是它们最大的特点。猫咪原本就是一种可爱的动物，短尾的猫咪看上去更可爱呆萌。日本短尾猫是招财猫的原型，在日本，它代表着幸运和财富。

 **猫咪外形**

日本短尾猫是日本最有名的猫咪品种之一，三色和短尾是这种日本名猫最大的特征。它们身材匀称，骨骼比较粗壮，有着发达的肌肉，运动能力可是不容小觑。它们的头部是倒三角形，颧骨略高，但是在毛茸茸的被毛下头部却显得比较圆润。

这个品种的猫咪，被毛是中等长度，摸起来非常柔软。白色是它们被毛的底色，但是在脸上和背上会点缀有黑色和黄色，还有的猫有类似于虎斑的颜色。因此，它们被统称为花猫或短尾花猫。

 ## 猫咪起源

日本短尾猫的身世比较久远，一千年前，它们的祖先来自中国，随后到了东瀛，后来成为民间幸运和财富的象征，更是大街小巷中供奉的招财猫的原型。

 ## 猫咪性格

短尾巴的猫咪天生聪颖，脾气温和，喜欢运动，又不失稳重大方。它们喜欢卧在铲屎官的身边，静静地看着铲屎官忙碌。有趣的是，当它们蹲坐着的时候，会抬起一只小爪子，就像在对人招手的样子，看起来特别可爱。在日本，人们把这看作是一个招来幸运和财富的动作。

东方短毛猫，骨骼清奇的精灵

猫咪身份卡 ●

中文名 ▷ 东方短毛猫

英文名 ▷ Oriental shorthair

起源地 ▷ 泰国、英国

起源时间 ▷ 20 世纪 50 年代

特征 ▷ 吊角眼，V 形脸，大耳朵，身体细长

体形 ▷ 2.5 ~ 4.5 千克，中型猫

被毛 ▷ 短毛

性格 ▷ 聪明，温和，喜欢玩耍，偶尔神经质

古灵精怪的东方短毛猫，有一双大的眼睛，对世界充满好奇的表情，一对硕大的招风耳，是这个品种猫咪最独特的地方。它们喜欢攀高、跳远、与人互动玩耍，对于噪音和周边其他响声不会有受到惊吓的过激反应。

 **猫咪外形**

东方短毛猫身形很有特点，它们的脸庞像楔子一般呈现 V 形，眼睛很大，眼角微微上吊，让它们显得精神而且有几分迷人。它们的头骨比较平坦，鼻梁笔直，眼睛有湖蓝色的，也有金铜色的。和其他种类的猫咪相比，它们的耳朵又宽又长，是名副其实的"招风耳"。它们在散步或者跳跃玩耍时，身形纤细而结实，像在轻快地跳舞。

之所以被称为"短毛猫"，是因为它们的被毛又短又细，浓密而有光泽。在东方短毛猫的家族中，白色、黑色、米色加带褐色的斑纹是最常见的三种毛色。其中，浑身雪白的东方短毛猫最为突出，看上去更加精灵可爱。

猫咪起源

东方短毛猫的祖先实际上是数世纪以前就存在的一种泰国猫，是暹罗猫之外的单色猫。1920 年，英国在这些单色猫的基础上杂交培育出所谓的"外国短毛猫"，这就是后来的东方短毛猫。

另一说法是，20 世纪 50 年代，英国人用暹罗猫和本地的白猫杂交，原本是为了培育白色的暹罗猫，但是结果却产生了多彩多姿的东方短毛猫。

猫咪性格

东方短毛猫智商很高，而且行动敏捷，喜欢上蹿下跳，柜子、窗帘、挂衣架、床底，都能成为它们玩耍的地盘。它们不仅经常发疯似的在屋里放飞自我，在各种物体表面留下自己的抓痕，还总制造一些奇怪的声响吸引铲屎官的注意。当铲屎官呵斥它们时，它马上变成一副乖乖的样子，委屈地看着铲屎官，是会察言观色的猫咪。

澳大利亚雾猫，有一颗先天爱家的心

猫咪身份卡 ●

中文名 ▷ 澳大利亚雾猫

英文名 ▷ Australian Mist

起源地 ▷ 澳大利亚

起源时间 ▷ 20 世纪 80 年代

特征 ▷ 头部是 V 形与圆形的结合，被毛有
　　　细腻的条纹，眼睛颜色和被毛类
　　　似，腿上和尾巴上有一圈圈花纹

体形 ▷ 3.5 ~ 5.5 千克，中型猫

被毛 ▷ 短毛

性格 ▷ 天生温顺，活泼好动，独立性强

　　澳大利亚雾猫有着细腻规整的条纹，它们活动的时候，被毛会呈现水雾一样朦胧的视觉效果。其中，银色被毛的澳大利亚雾猫最受欢迎。

 **猫咪外形**

　　澳大利亚雾猫也被称为斑点雾猫，它们的被毛短而蓬松，有种萌萌的可爱感，被毛下的肌肉发达匀称。雾猫的头部是金黄色或咖啡色，眼睛的颜色和被毛一样。它们身上最有特点的是那身独有的毛色。

　　雾猫刚出生时，身上会有一些小小的斑点，一年后，它们发育成熟时，这些斑点

就会逐渐变成细密雅致的条纹。它们的被毛颜色有多种：银色、棕色、蓝色、巧克力色、黄金色等等，因此也会呈现出不同颜色的水雾感。

猫咪起源

在 20 世纪 80 年代，澳大利亚的专家把缅甸猫、阿比西尼亚猫和当地家猫进行杂交选育，培育出了澳大利亚雾猫这种新的品种，它们一出生就具备缅甸猫的漂亮体格和阿比西尼亚猫的被毛以及家猫特殊的斑点，深受大众喜爱。

猫咪性格

澳大利亚雾猫非常热爱家庭，拥有温顺的性格，它们这种天性来自于多个猫咪品种优秀基因的组合。

和其他品种的猫咪相比，它们有一个极大的优势：它们的发情期相对延迟并且时间短，发情的时候不像其他猫咪那么尖叫，给人减少很多烦恼。

雾猫不仅喜欢铲屎官的陪伴，还对铲屎官所做的事情有极大的好奇心，有充足的耐心陪伴在你身边，如果你在弹奏乐器，雾猫会在一旁静静地聆听。

泰国曼尼猫，高贵的"白色宝石"

猫咪身份卡 ●

中文名 ▷ 泰国曼尼猫

英文名 ▷ Thai Manny

起源地 ▷ 泰国

起源时间 ▷ 14 世纪

特征 ▷ 金黄色或双色眼睛，眼眶周围的皮肤是粉色，颧骨较高，耳朵上被毛少

体形 ▷ 2.4 ~ 5.6 千克，中型猫

被毛 ▷ 短毛

性格 ▷ 对铲屎官忠诚，活泼好动，不惧怕生人

"曼尼"在泰语中的意思是"白色宝石"，泰国曼尼猫全身是纯白色的，但它们的眼睛很有特点，有些曼尼猫的眼睛是蓝黄双色，有些则是颜色相同但两眼的大小不同。

 **猫咪外形**

●　●　●　●

曼尼猫最吸引人的是它们雪白的被毛和奇异的眼睛。有的曼尼猫有着金黄色的眼睛，还有的是异色眼睛，一只蓝色，一只金黄色，异色的瞳孔让它们看上去显得很神秘。

和很多猫咪相比，曼尼猫的耳朵上被毛稀疏，粉粉嫩嫩的，很可爱。曼尼猫背部平坦，身体比例匀称，肌肉发达。它们的肉垫也是粉嫩的，保持得非常干净，是一种很爱干

净的猫咪。

曼尼猫和其他白猫一样是纯白色的被毛，但它有着自己的特点——没有底毛，因此，它们被毛光滑贴身，而且很少掉毛，适合那些爱猫又有洁癖的人养育。

曼尼猫在刚出生时，头上有一小撮暗色调的被毛，但在 1 岁多的时候，这些暗色调的被毛就会消失，全身的被毛都变成雪白色。

猫咪起源

说起来，可爱的曼尼猫可是大有来头的。500 多年前，在古代暹罗地区就有了它们的身影。在当时，它们是皇室成员的专属宠物，一直到 20 世纪 90 年代，它们还受到出口限制，不能被随意买卖到国外。后来，随着管制放松，它们才被引进到美国繁育，逐渐被世人所知。

猫咪性格

泰国曼尼猫可是一种活泼好动的宠物。它们经常跑动，探寻好玩儿的新鲜事物，玩累了，它们会回到铲屎官的身边，卧在铲屎官的腿上，安逸地打着呼噜。它们对陌生人也比较友好，如果家里来了客人，它们会兴奋地围着客人打转，增添了很多乐趣。

波斯猫，漂亮的长毛小心中暑

 猫咪身份卡 ●

中文名 ▷ 波斯猫

英文名 ▷ Persian

起源地 ▷ 英国

起源时间 ▷ 19 世纪 70 年代

特征 ▷ 头部圆形，鼻子凹陷，耳朵小、
间距大，四肢粗短，爪子较大

体形 ▷ 2.5 ~ 6.4 千克，中型猫

被毛 ▷ 长毛

性格 ▷ 聪明乖巧，依恋铲屎官，温柔，不
爱大叫

波斯猫有着一身长长的被毛，胖乎乎的身体，鼻梁向下凹陷，给人一种愤世嫉俗的萌蠢感，这种有趣的差异让它们成为手机里搞笑的表情包。

🐱 猫咪外形

波斯猫最吸引人的，是它们酷似京巴狗的脸庞，松狮犬一样的身躯和被毛。它们的脑袋圆圆的，鼻子宽且扁，中间凹陷下去，就好像在皱眉头。它们的耳朵小巧可爱，两只耳朵中间的间距比较宽。波斯猫的身躯较为粗壮，但四肢又短又直，尾巴大而蓬松。

波斯猫的被毛给它们的生活带来不少烦恼，又长又密的被毛需要定期梳理，否则

会脏兮兮的，容易打结儿。在酷热的夏季，波斯猫不爱走动，变得更加懒散，铲屎官要注意观察，并帮它们降温，否则，波斯猫可能因为被毛过厚难以散热而出现中暑的情况。

波斯猫的被毛颜色丰富而艳丽。毛色类型包括全一色型、渐变色型、烟色型、斑纹型以及多色型，每种色型都有多种色系。总的说来，玳瑁色系和红色系的波斯猫较为珍贵。

 猫咪起源

关于波斯猫的起源，有着如下的传说：

在 400 年前，波斯本地的灰猫和土耳其安哥拉白猫相遇，它们繁育出了这种长毛猫后代。经过长期的杂交繁育，波斯猫家族越来越庞大，拥有了各种毛色的成员。

到了 19 世纪后期，波斯猫家族又增添了一个新的成员：金吉拉猫，它们的被毛贴近皮肤的根部是白色的，到顶端时已经渐变为其他颜色。

 **猫咪性格**

波斯猫温顺的性格和优雅的长相一直受到人们的喜爱。波斯猫不仅十分依恋铲屎官，而且对小朋友有极强的包容性和耐心。被小孩子一直玩弄，它们也不会发火，最多只是轻轻地叫几声表示不满。

波斯猫虽然看上去萌蠢萌蠢的，但它们一点儿都不傻，反而是一种特别聪明的喵星人，能轻易领会铲屎官的意图。如果铲屎官对它们稍加训练，它们就能学会很多技巧，为铲屎官的日常生活增加很多乐趣。

布偶猫，孩子喜爱的"仙女喵"

猫咪身份卡 ●

中文名 ▷ 布偶猫

英文名 ▷ Ragdoll

起源地 ▷ 美国

起源时间 ▷ 20 世纪 60 年代

特征 ▷ 脸部中心的三角区是白色被毛，两只眼睛到耳朵以上的被毛是棕色

体形 ▷ 3 ~ 10 千克，中大型猫

被毛 ▷ 长毛

性格 ▷ 安静，温和，有耐心，喜欢被拥抱，对疼痛有很强的忍耐力

　　布偶猫集美貌与仙气于一身，被称为"仙女喵"，很多打算养猫的人都被公主般的布偶猫打动。除了高颜值，布偶猫的性格还非常的温柔，叫它的名字，它就会回应你；外出回家，布偶猫会在门边欢迎你，而且，布偶猫时时刻刻都想跟铲屎官黏在一起。

 **猫咪外形**
●●●●

　　布偶猫是猫咪中的大个子，有些成年公猫体重有 10 千克。它们有着发达的肌肉和较宽的胸部，但脖子又粗又短。布偶猫的脑袋原本是 V 形的，但在又长又厚的被毛衬托下，脸部圆滚滚的。蓝湖色的眼睛像是澄澈干净的海水，布偶猫头部的毛色很有特点，

鼻梁和嘴巴组成的三角区是白色的，两只眼睛到耳朵以上的被毛是棕色，可爱得想要抱起来撸一会。

虽然它们有着较长的被毛，但是被毛质地顺滑，不易打结，是一种毛发易于打理的长毛猫。而且它们的身体松弛柔软，像具有治愈功能的毛绒玩具。

布偶猫在刚出生时，耳朵、脚和尾巴上的被毛颜色较深，随着成长，颜色也会渐渐变浅。成年以后，它们身上的颜色会固定下来，大体可以分为以蓝色为主的双色重点色、巧克力色重点色等。

猫咪起源

布偶猫并没有一个明确的历史起源，最早是在 20 世纪 60 年代由一名加利福尼亚的培育者培育成功的。当时，它是由一只伯曼猫和一只白色非纯种长毛猫杂交培育出来的，其后又有许多人培育出了布偶猫，使之成为一个颇受欢迎的新品种。

猫咪性格

布偶猫的个头虽然很大，但性格却相当友善，喜欢被人拥抱。看到有人想抱自己时，就会蹲在一旁乖乖地等着，即使是陌生人也不会拒绝。

布偶猫对于疼痛有着极高的忍耐度，因此常被人误以为它们没有疼痛感。小朋友跟它们玩耍时，不小心弄疼它们，它们也不会有激烈反应，更不会因反抗而伤害到小朋友。在布偶猫的眼里，铲屎官是它最亲近的人，它愿意时时刻刻陪在铲屎官身边，被铲屎官搂在怀中。

布偶猫非常通人性，也非常守规矩，不会把家里折腾得乱糟糟的，是可以长久陪伴的伙伴。这也是它们的英语名称"布偶"的来历之一。它们之所以有这么多讨人喜欢的优点，是因为它们的基因来自美国白猫、波斯猫、伯曼猫和缅甸猫的多次育种培育，拥有了这些祖先身上的基因优点。

英国长毛猫，随遇而安的猫咪

 猫咪身份卡 ●

中文名 ▷ 英国长毛猫

英文名 ▷ British Long hair

起源地 ▷ 英国

起源时间 ▷ 20 世纪初

特征 ▷ 头部浑圆，杏仁眼，鼻梁微塌，
脖子短粗，颈部有长而密的装饰
毛，四肢较短

体形 ▷ 3 ~ 7 千克，大中型猫

被毛 ▷ 长毛

性格 ▷ 聪明稳重，善解人意，能独处，忠
于铲屎官

　　英国长毛猫曾被看作英国短毛猫的附属品，与英国短毛猫最大的区别是它们光滑柔顺的长毛，相比英短，英国长毛猫在被毛的装饰下，展现了完全不同的样貌，它们看上去更加可爱、温顺、甜美。

🐱 猫咪外形
●　●　●　●

　　英国长毛猫和英国短毛猫有很多相似之处，它们都有粗壮的短腿和圆圆的脑袋，杏仁般的大眼睛和微微下陷的鼻梁，但是，英国长毛猫脸上的浓密的被毛为它们增添了更多可爱的感觉。它们的耳朵有一部分常常被掩盖在浓密的被毛之中，脖颈又短又

粗，身体圆滚滚的。当它们蹲坐的时候，颈部的装饰毛让它们显得颇有几分王者风范，加上那又长又蓬松的尾巴，英国长毛猫在很多女孩心目中十分讨喜。

英国长毛猫的被毛虽然浓密，但属于中等长度，贴着身体，让它们的体型显得大了一圈。这个品种的猫咪有纯白色、蓝色、黑色、烟色等多种单色的毛色，另外还有蓝白这样的双色毛色。

猫咪起源

早在2000多年前的古罗马时期，长毛猫就因为强大的捕鼠能力，而被凯撒大帝"征用"，随军出征成为粮草的保护神。后来它们被带到英国，逐渐繁衍，并受到人们的喜爱。而在19世纪末，英国的动物专家为了选出最美丽的本土猫，开始进行长毛猫的培育工作，最终诞生了漂亮优雅的英国长毛猫。

猫咪性格

英国长毛猫虽然看上去憨厚稳重，但其实它们是非常聪明可爱的一种猫咪，能轻松理解铲屎官的意图。值得一提的是，它们喜欢和铲屎官亲近玩耍，但也能很好地独处，在家里找其他东西玩耍打发时间。所以英国长毛猫是善解人意、从不给铲屎官添麻烦的喵星人。

它们非常安静，一点也不吵闹，但是它们的好奇心很强，很喜欢仔细察看家中的角角落落。它们胖胖的体型和温柔的性格很容易赢得孩子们的喜爱，孩子们通常都会把它们当成亲密的忠实伙伴。

土耳其安哥拉猫，不喜欢被抚摸的"傲娇孩子"

猫咪身份卡 ●

中文名 ▶ 土耳其安哥拉猫

英文名 ▶ Turkish Angora

起源地 ▶ 土耳其安哥拉（今安卡拉）

起源时间 ▶ 16 世纪

特征 ▶ V 形脸，眼睛天蓝色、金铜色或异瞳色，尾巴长而蓬松

体形 ▶ 2.5 ~ 5 千克，中型猫

被毛 ▶ 长毛

性格 ▶ 忠诚、沉静、温顺、独立、有洁癖

安哥拉猫是喵星家族中历史最悠久的分支之一，它们是源自于土耳其的纯种猫，相对来说，纯正的土耳其安哥拉猫数量比较稀少，也因此，它们算是土耳其的珍贵动物，名副其实的猫中贵族！

 **猫咪外形**

安哥拉猫身体修长，有 V 形的脸庞，眼角微微上挑。眼睛的眸色有天蓝色、琥珀色、金黄色和鸳鸯眼（金银色异瞳）。它们的表情有时会略显严肃，看起来令人忍俊不禁，它们的耳朵很大，顶部尖尖的。安哥拉猫有一个外形特点不是很容易被观察到，它们的背部线条是起伏的，像隆起的微小山丘。

安哥拉猫长长的被毛柔软蓬松，毛色有白色、黑色、三花色等，但人们大都认为只有雪白色的才是纯种的安哥拉猫。它们的四肢细长，但是充满了爆发力。和其他喵星人相比，它们还有一个特别吸粉的外貌特征：一条非常蓬松美丽的长尾巴，融合了高颜值猫咪尾巴和妖娆的狐狸尾巴的魅力，让它们看上去显得格外的神气活现。

猫咪起源

安哥拉猫起源于16世纪，算得上是长毛品种猫中历史最悠久的猫种。其名字来自于土耳其首都安哥拉（今安卡拉），它是当时土耳其王公贵族们最喜欢的宠物之一。随后，它们被带到了世界各国，成为法国、英国等国家热捧的宠物。到了20世纪中期，纯种土耳其安哥拉猫面临灭绝的危险，为此，土耳其政府颁布了一条法令，将其列为国宝，严格限制它们被带出国的数量，并且对它们的繁育进行严格的管理。

猫咪性格

喵星人喜欢白天睡觉，晚上活动，安哥拉猫在这方面尤为突出，因为它们有着较为纯正的古老血统，很好地保留了猫科动物的习性。它们白天太能睡了，有时会睡上十七八个小时。它们在睡觉的时候不喜欢被人打扰，睡醒后喜欢静静地卧在沙发或窗台上看着铲屎官忙碌，而不是缠在铲屎官的脚边寻求拥抱。如果铲屎官经常把它们拥抱入怀，或者经常逗它们玩耍、抚摸它们，它们反倒有些不太高兴，它们身上猫科动物的独立精神还很强大呢。

安哥拉猫天生洁癖，时常舔护皮毛，它们的唾液相当于强效清洁剂，能够很好地清洁皮毛。但是频繁地舔护皮毛亦使它们不可避免地吞下不少毛发，在胃中累积，所以有时安哥拉猫会呕吐出毛球。

安哥拉猫很喜欢玩水，它们可以在小溪或浴池中畅游，游水的时候憨太可掬，十分可爱。

索马里猫，活跃的"拆家狂魔"

中文名 ▷ 索马里猫

英文名 ▷ Somali cat

起源地 ▷ 非洲

起源时间 ▷ 20 世纪 60 年代

特征 ▷ 厚厚的披毛像丝绸一样柔软，胸前有较长的襟毛。眸色有黄铜色、褐色或绿色等，黑色眼皮

体形 ▷ 2.5 ~ 5.5 千克，中型猫

被毛 ▷ 长毛

性格 ▷ 生性温和，活泼好动，对铲屎官忠诚，独立性较强

索马里猫来自神秘的非洲大陆，它们响亮的嗓音、迅捷威猛的动作，配上毫无表情的脸庞，给人野性十足的感觉，深红的毛色是它们最有代表性的被毛颜色。

 ## 猫咪外形

索马里猫外形的辨识度很高，它们身上的被毛蓬松得仿如杂草丛生，胸前还有长长的襟毛。眼睛的颜色有黄铜色、褐色或绿色等，眼睛周围有黑色的眼皮，看起来古灵精怪的。它们身体比例匀称，有着优美的轮廓线条，鼻梁微微下陷，两只大耳朵间距较宽，带着斑纹的脸庞看上去有些严肃。

索马里猫的弹跳力非常强，毛茸茸的四只小脚爪是圆形的，看起来很可爱。它们浑身有浓密的长被毛，抚摸起来就像丝绸一样柔软。它们身上的被毛多为红色、暗红色、浅黄褐色，给它们增加了一点野性的色彩。

猫咪起源

索马里猫出自非洲，身具古老的阿比西尼亚猫的血统。据说在 1967 年，因为纯种的阿比西尼亚猫发生基因突变，后来经过一系列的培育试验后，索马里猫正式诞生。不过，这种猫直到 1983 年才得到认可，受到爱猫人士的关注。

猫咪性格

因为索马里猫具有古老的阿比西尼亚猫血统，所以它身上有着一些和阿比西尼亚猫共同的特点。比如，它们独立性比较强，不喜欢结伴，更善于独自活动，对铲屎官有一定的依恋，但又不打扰铲屎官的工作。

它们性格温和，同时又非常活跃，喜欢玩耍，运动能力超强。如果它们的生活居所面积不是足够宽敞的话，它们常常会因为精力过于旺盛而在家里造成极大的破坏，不仅经常打破各种瓶瓶罐罐，捣毁家具、家电的零部件和其他家庭设施，还会在沙发、橱柜及房门上磨爪子，很像猫界的哈士奇。而且大部分的索马里猫都知道怎样开水龙头，因为它们大都喜欢玩水。

美国卷耳猫，可爱的"城市探险家"

中文名 ▷ 美国卷耳猫

英文名 ▷ American Curl

起源地 ▷ 美国

起源时间 ▷ 20 世纪 80 年代

特征 ▷ 耳朵向后卷曲，耳朵上长满了散乱的装饰毛，杏仁状的大眼睛

体形 ▷ 2.5 ~ 6.5 千克，中型猫

被毛 ▷ 长毛或短毛

性格 ▷ 忠于铲屎官，不黏人，聪明活泼，好奇心强，能和其他宠物友好相处

美国卷耳猫既有长毛品种，也有短毛品种，是一种外形非常特别的猫咪，就像它们的名字一样，它们的耳朵自然地向后翻卷，形成弯曲的弧度，像是生长在青藏高原上的牦牛的犄角，运动的时候很神气。

 **猫咪外形**

美国卷耳猫属于中等体型的猫，它们向后卷曲的耳朵最引人注目，比较完美的卷耳末端呈圆形，像是新月的形状，耳朵旁边长有漂亮的饰毛。它们卷曲的耳朵看上去很好玩，但一定不要随意的玩弄它们，以免伤害到耳朵内部的软骨。

它们的头部呈楔子形，脸上长了一对很大的杏仁眼，眼睛多为蓝色，也有琥珀色或黄铜色等。它们的四肢和身体比例匀称，无论是蹲坐还是走路，都自带优雅的感觉。这种猫咪既有长毛类型，也有短毛类型。被毛的颜色有纯色，也有双色和三色。

猫咪起源

1981 年，美国卷耳猫在美国加利福尼亚州被人们首次发现，据说产自一只被丢弃的黑色母猫。但这一品种正式进入大众的视野是 1983 年美国育种专家南希首次带卷耳猫参加猫展，并获得好评。同年，遗传学家罗伊·罗宾逊通过研究确定了卷耳基因的稳定性。此后繁育专家们便开始了这一品种的培育过程。

猫咪性格

每只美国卷耳猫都拥有强烈的好奇心，喜欢进行各种探索，所以它们被称为"城市探险家"。当铲屎官在忙碌的时候，它们就会不声不响地在各种犄角旮旯里进行探索游戏。当铲屎官召唤时，又会瞬间出现在眼前，并能轻松理解铲屎官的指令。

卷耳猫的性格非常稳定，幼小时的行为习惯会一直保持终生。和铲屎官在一起时，它们温柔可爱，有灵性，也会聪明地把握分寸，不会在家里大吵大闹，而且它们能和其他动物和平相处，令人省心。

缅因猫，温柔的大块头

中文名 ▷ 缅因猫

英文名 ▷ Maine Coon

起源地 ▷ 美国缅因州

起源时间 ▷ 18 世纪

特征 ▷ 体形硕大，被毛长而浓密，毛色丰富，黑色的眼睑和嘴唇，长长的"耳须"，颈部有毛领圈，蓬松飘逸的长尾巴，叫声如鸟鸣般悦耳

体形 ▷ 4.5 ～ 9.5 千克，大型猫

被毛 ▷ 长毛

性格 ▷ 温顺，黏人，忠诚，勇敢，爱撒娇，擅捕鼠

　　缅因猫是喵星人中的大个子，有着长而浓密的被毛和蓬松飘逸的长尾巴，耳朵的顶端还有一小撮长长的被毛，为它们威严的神情添了一些可爱的感觉。它们是美国第一个大体型长毛猫咪品种。虽然和缅甸猫在名字上只有一字之差，但却是两种完全不同的猫咪。

 **猫咪外形**
●●●●●

　　缅因猫的外貌很吸引人，它们的耳朵尖端有一撮长长的被毛，称为"耳须"，眼

睑和嘴唇的皮肤是黑色的。它们的脖子又短又粗，有厚实的毛领圈，公猫的毛领圈就像雄狮头颈部的被毛一样漂亮。和其他的猫咪品种相比，它们身高体壮，属于喵星人中的大块头。眼睛颜色有绿色、金黄色、紫铜色、琥珀色等。

缅因猫的被毛又长又浓密，毛色非常丰富，据专业人士统计，它们的被毛花色多达 60 余种，被毛下边还有细细的绒毛，能帮它们抵御北美地区寒冷的气候环境。它们的四肢粗壮有力，四个脚掌又大又圆，以便它们更好地在密林深处狩猎。尾巴比较长，被毛蓬松，像孔雀的尾巴一样散开。

猫咪起源

在 18 世纪，这种猫咪最先在美国缅因州被发现，因此被动物学家命名为缅因猫，它们是美国本地第一个土生土长的长毛猫品种。关于它们的起源有多种传说，比如，有人认为它们是法国本土的一些猫咪，被人带到了美洲和当地土猫杂交繁育出来的。还有人认为它们可能是在中世纪的时候随着欧洲的海盗船队偶然间来到北美，和当地的猫咪杂交后产生的新品种。总之，它们的来源还是一个谜，但这并不妨碍我们对它们的喜爱。

猫咪性格

缅因猫虽然个头比较大，看起来全身充满着野性，但它们却是不折不扣的恋家萌宠。它们长相十分霸气，但性格特别温顺，就像软萌的天使，对铲屎官无比迁就、绝对服从，和家里的其他宠物也能友好相处。它们还能发出鸟鸣般的轻柔叫声，这与它们庞大而霸气的相貌形成了有趣的反差。

但是别看它们在铲屎官面前一副很乖顺的样子，其实它们身上潜藏着强大的独立、勇猛的基因，遇到贸然闯入家园的外来生物或野兽时，它们内在的剽悍会瞬间爆发，勇敢地冲上去将入侵者赶出自己的家园。

2

像照顾自己一样，
照顾猫咪

新手养猫前要做哪些准备

养猫不是一件简单的事情，如果你想长期喂养一只适合你需求的猫咪，那么建议你在喂养之前做些准备工作。

🐱 了解猫咪的品种和特点

铲屎官在养猫之前，可能是今天喜欢某只猫咪，过几天又喜欢其他颜值高的猫咪了，但是对它们的品种和特点没有过多的了解，并不知道它们是否真的适合你。当你想升级为猫咪铲屎官时，就要对猫咪有更多、更深入的了解，才有利于你更好地和它们相处。

首先，你要了解猫咪的品种分类。包括目前主流猫咪品种都有哪些？各个品种的猫咪有哪些特点？比如有些品种的猫咪生性活泼，有些品种的猫咪就比较安静；有的猫咪温顺可人，而有的猫咪领地意识较强，对陌生人或其他动物并不友好，等等。你对它们的品种特性了解清楚后，才能确认哪些猫咪更适合自己。

🐱 了解猫咪的心理和脾性

每一只猫咪都是一个独立、可爱的小生物，都有着各自的脾气、性格，但是猫咪的心理需求和变化是大同小异的。所以，你在养猫前最好通过图书、电视、网络等渠道多了解一些关于猫咪心理的知识，更利于以后你训练和规范它们的行为。

🐱 了解如何照料和护理猫咪

很多人认为猫咪是一种很省心的宠物。它们能把自己的身体打理得干干净净，而且极少生病。其实这种想法是不对的，猫咪的独立性确实很强，但它们也很依赖铲屎官。它们的健康更是取决于铲屎官照料和护理是否到位。比如，如果你能做到家里干净卫生，经常给猫咪用具消毒，并定期带猫咪注射疫苗，保证它们有科学合理的饮食，那么，猫咪就会更加健康，也更加依赖和亲近铲屎官。反之，猫咪可能会经常出现健康问题，导致你花费更多的精力和费用为其治疗。

了解自己是否有饲养猫咪的条件

很多人认为养猫咪就是抱回来给它一个猫窝足矣，其实没有这么简单。你要考虑到自家的居室面积是否适合家庭成员和猫咪共同生活，你能否及时清理猫咪的排泄物和其他相关垃圾，你还要考虑自己的经济条件能否承担长期喂养猫咪带来的各种开销。另外，如果家庭成员有怀孕生子的计划，你还要考虑大家是否能接受猫咪的到来，等等。

总之，养猫就意味着你增加了一位新的家庭成员，它在给你快乐的同时也会带来很多问题，这都需要你认真考虑后再做决定。

> Tips：
>
> 如果是养猫新手，建议直接挑选一只成年猫咪来喂养，因为幼猫对温度要求很高，尤其是冬天，饲养难度相比来说会大。猫咪都有嫉妒心理，建议首次最好选择养一只。如果确实想养两只或者多只，可以选择同窝一起长大的兄弟姐妹，这样的小猫，母猫在哺乳期已经做好了性格培养，知道如何处理彼此间的摩擦。

从哪儿能得到一只猫咪

猫咪已经成为我们最熟悉、相处最融洽的宠物之一。很多人希望养一只可爱的猫咪，有哪些途径可以领养或者购买到一只猫咪呢？

身边的朋友圈

如果朋友、亲戚家的猫咪处在生育期或者生下了幼猫，你就可以"近水楼台先得月"了。

这种方式有两个优点：首先，能真实了解猫咪的健康情况，在很大程度上避免小猫携带传染病。其次，这种猫咪从小就很少和外界接触，生活环境和营养条件都很好，生下来的幼猫身体素质会比宠物商店里的幼猫更好。

除了我们身边熟悉的亲友外，还可以从附近社区中寻找。比如，同一栋楼里或附近社区居民的猫咪生下的幼猫都会有送人的情况。

正规的宠物商店

无论繁华的大都市，还是三四线城市，总能找到大大小小的宠物交易商店。这些商店常年出售猫咪、犬类等日常宠物。如果你对猫咪的血统、品种、样貌等有要求，在这些宠物商店里就更容易找到比较心仪的猫咪。

在宠物商店购买猫咪有三个优点：一是宠物商店里的猫咪品种多、外貌各有特点，有更多可选择的空间。二是宠物商店往往还出售猫粮猫砂等猫咪用具，方便一并购买回家。三是在宠物商店里购买猫咪更安全。我们可以在宠物商店直接看到猫咪，观察它的外观和表现，得知猫咪的健康情况，排除一些肉眼可辨的疾病。

另外，宠物商店的铲屎官通常也是当地活跃的爱猫人士，对店里每只猫咪的习性非常了解。当你选择了一只猫咪后，可以直接从老板那里了解到这只猫咪的生活习惯和性格特点，同时初步学习一下猫咪喂养的知识。

🐾 通过网络平台购买猫咪

从网络平台购买猫咪，优势是可以买到心仪的品种，可选择的空间大，交易时间灵活，节省了去宠物商店的时间成本。

正规的网络平台大多有宠物繁育基地或其他相应稳定的来源，所以才能确保他们常年对外销售猫咪。这样的商家在繁育猫咪以及相应的医治方面有丰富的经验。

但是凡事有利也有弊，通过网络购买猫咪，最大的弊端是不能看到猫咪真实的状况，隔着屏幕挑选猫咪不如现场挑选真实和妥当。如果遇到没有资质的网上店家，寄送来的猫咪有可能存在各种风险（不是你选中的猫咪、猫咪有健康问题等），此时，店家有可能推诿责任，甚至对你的合理要求置之不理，带来不必要的麻烦和金钱上的损失。

另一个弊端是网店的卖家和买主很可能不在同一个城市，猫咪的运输时间较长，运输过程中猫咪无人照料，有可能出现意外的状况。

🐾 从动物救助中心或宠物医院领养猫咪

我国各地都有救助流浪动物的民间组织，他们把流浪猫收容到固定的救助场所，帮它们驱虫、打疫苗、治病，并精心喂养。同时，他们也会向社会发出公告，欢迎爱猫人士收养猫咪。

一些志愿者组织会和当地的宠物医院合作，由宠物医院对猫咪进行诊治、做绝育手术以及打疫苗等。

有的宠物医院也会收养被遗弃的猫咪，为它们做完健康体检后，送给有需求的爱猫人士抚养。

通过这种途径收养猫咪能省下购买猫咪甚至是为其体检、打疫苗、绝育的费用。但这样的方式也有不足之处。救助组织中可能不会有你想要的名贵品种的猫咪，而且，这里的猫咪大多受过伤害，对陌生人的警惕心较强，需要更多的心思和时间才能得到它们的信任。

Tips：

选定某网络平台购买猫咪后，一定要在该平台上跟卖家进行交易，有些卖家会提议互加微信，在私下交易，遇到这种情况时，一定要谨慎，私下交易是不受平台保护的。

有些网络平台上，可选择同城购买，这样更方便去自提，避免很多风险。

在救助中心领养猫咪，他们会对领养人有一些硬性的要求，如收入稳定、不笼养、接受回访，等等。

养猫前需要考虑的几件事

如果打算养猫，我们需要先了解养猫的各种相关事宜，比如养猫的费用、如何选择一只心仪的猫以及择猫时如何判断猫的健康状况等。

知悉养猫的费用

有人以为养猫的开销无非是购买猫粮、猫砂等物品，以及给猫打疫苗和做绝育，这些开销看起来并不需要花费太多钱。

但是，猫咪的寿命一般在 10 ~ 15 年，这意味着，为猫咪购买猫粮、猫砂、日常养护用品及定期接种疫苗的投入全部都是长期的，而不是一次性的。同时，还要考虑到这期间猫咪生病时的治疗费用。

目前宠物是没有医疗保险的，猫咪如果患病，铲屎官要自费为其诊治。现在动物的诊治费用一直比较昂贵，如果猫咪不幸得上了传染病或其他较为严重的疾病，那可能要花费几百、几千甚至上万元的诊疗费，最后的结果也未必能尽如人意。

所以，当你计划养猫时，必须要考虑到多年的经济支出，以及随着猫咪年龄增长，难免罹患各种疾病所带来的医疗费用问题。此外，在这个过程中，除了资金问题外，你还需要准备好足够的耐心和责任心，请对生命负责，不要轻易弃养。

确定你想要什么样的猫咪

猫有很多品种、很多类型。有长毛猫，有短毛猫；有大型猫，有中型猫，有小型猫；有活泼的猫，有文静的猫，有黏人的猫，有高冷的猫，等等。在养猫之前，你要根据自己的需求和喜好认真考虑选择什么样的猫咪。

比如，你如果生活在气温较高的南方地区，那么建议你选择短毛猫。长毛猫在南方生活会有很多不便，天气炎热的时候甚至需要为它们剃毛。如果你生活在较寒冷的北方地区，那么长毛猫和短毛猫都可以选择。

如果你平时比较喜欢安静，那就尽量选择不闹腾、不瞎叫唤的猫咪，但你如果爱玩爱闹怕孤单，就最好寻找活泼、黏人、像话痨一样喋喋不休的猫咪。

此外，还要考虑选择公猫还是母猫，养一只猫还是两只猫的问题。

公猫和母猫无论是外观还是习性都存在很大的差异。同品种的猫，公猫的体型总是会明显大于母猫，肌肉也会比母猫更紧实、更发达；母猫则体态柔软，更容易堆积脂肪。公猫的脸庞也会比母猫的更大，两腮会比较圆；而母猫则显得五官更为清秀。

公猫的好奇心很重，喜欢探索世界，因此破坏力也很强，而且这种破坏力不会随着年龄的增长而逐渐消减；而母猫则会相对沉稳，也更为独立，通常在 1 岁后，好奇心会逐渐减弱，破坏力也会相应地消减。在黏人的程度上，通常是公猫比母猫更为黏人，更喜欢与人互动；而母猫总是相对高冷和文静一点。

公猫的食量大于母猫，而且比母猫更为馋嘴；母猫则对于食物比较谨慎，不会像公猫一样时刻觊觎着你的食物，所以养母猫的话，吃东西的时候会安生很多。

公猫到了发情期会低沉地嚎叫，有时还会在房间里到处乱尿，还会常常跑去外面"偷情"；而母猫到了发情期则会焦躁不安地尖叫，而且叫唤的频率很高，不分昼夜地叫唤，尤其是晚上叫得特别凶，既扰民又烦人。如果你没打算拥有一窝小猫，那么在发情之前给你的猫做好绝育手术将会是一个很好的选择。

在公猫和母猫的选择问题上，并无优劣之分，主要取决于你的喜好，但提前了解它们的差异是非常必要的。

至于养一只猫还是两只猫的问题，主要从两方面来考量：

从时间、精力的分配上来说，家里如果只有一只猫，它的世界里就只有你，所以会需要你更多的陪伴，你做其他事情的时候可能会受到很多来自猫咪的干扰；但如果家里有两只猫，它们就会相互折腾，相互陪伴，而不会过多地纠缠你、干扰你。

从破坏性而言，一只猫的破坏性肯定会比两只猫小很多，而且两只猫一起折腾造成的破坏性肯定不会只比一只猫多一倍。请相信，这时候的负面影响绝对是 1+1>2。

所以，在养猫的问题上，做任何决定都要先做好调查研究，然后再做好慎重的考虑。

Tips：

南北方气候上的差异，也会对选择养育什么品种的猫咪有很重要的影响。一些具体的影响可以阅读后面的内容。

如何选择健康的猫咪

我们在挑选猫咪时，要怎样排除健康隐患，挑选到一只健康的猫咪呢？

观察猫咪的精神状态。把待选猫咪放在高台或平地上，仔细观察它的精神状况。如果猫咪精神委顿，卧着不动，对人的话语和抚摸反应迟缓或置之不理，那多半是不太健康。相反，如果猫咪看起来精神十足，比较亲人，愿意与人互动，就说明是比较健康的状态。

检查猫咪的被毛。把猫咪捧在怀中，在阳光下仔细观察被毛有没有打结，并拨开猫咪的被毛，仔细观察毛根处的皮肤是否有跳蚤、皮屑、污垢和其他异样。

检查猫咪的耳朵。健康猫咪的耳朵内外都干净干燥，没有分泌物，如果发现耳朵里有黑色脏东西，则很可能是带有寄生虫或细菌。

检查猫咪的眼睛。健康猫咪的眼睛是干净、明亮的，眼睑上没有囊肿，眼角湿润，而且没有红色发炎的迹象。用手指在猫咪眼前晃动，它的眼睛能灵活地盯着你的手指做出反应。

检查猫咪的鼻子。如果猫咪流鼻涕或者经常打喷嚏，说明它可能患有感冒或有其他身体不适的情况。健康猫咪的鼻子是微微湿润的，鼻孔周围没有分泌物。

检查猫咪的口腔。健康猫咪的口腔表面，颜色是粉红色，口腔和舌头上没有斑点或溃疡，猫咪的牙齿排列整齐，牙龈没有红肿的情况。

检查猫咪的肛门。这是很多初次选择猫咪的人容易忽略的地方。把猫咪放在桌子上，仔细观察它的肛门及周围的卫生情况。如果猫咪的肛门干净，没有粪便粘连，说明最近没有腹泻的情况。此外，还要观察猫咪的肛门周围是否有裂口或者肿块等迹象。

观察猫咪的四肢。让猫咪在平地上自由活动，观察它的运动状态。如果它有跛脚的迹象，就很可能是腿脚有毛病。

Tips：

　　无论你是领养还是购买小猫咪，都要先了解猫妈妈是否已经打过疫苗，以及打过什么种类的疫苗。如果选择3个月以上的猫咪，最好选择已经打过疫苗并做过驱虫的猫咪。

这样迎接猫咪回家

当你挑选好满意的猫咪后，一定会急切地想把这位新成员带回家，开启新的生活，不过在你带它回家之前，有些细节需要注意一下哦！

🐾 在室内布置适合猫咪生活的环境

为了给新来的猫咪营造出适合它们玩耍的环境，可以适当改变家居布置。比如，把易碎的摆件收拾起来，把家具的位置重新摆放，营造出高低不平的效果以方便猫咪爬上爬下。还可以在墙上钉几个比较宽大的置物板，挂一些猫咪玩具，在合适的地方给猫咪建一个猫窝，等等。另外，要把室内容易牵绊或漏电的电线等物品收拾好，以免猫咪玩耍时出现意外。

将猫咪带回家之前，应准备好它的各种用品，包括猫粮、猫砂、猫餐具、猫砂盆、猫包、猫抓板、洗浴修剪用品等。

事先规划如何摆放这些用品，需要注意的是，猫窝和猫砂盆应尽量放在通风好、阳光充足的地方，有利于通风和杀菌。猫咪是非常爱干净的，它们不喜欢餐具和猫砂盆放在一起。

🐾 用便携式宠物箱携带猫咪

迎接猫咪回家时，不能把猫咪抱在怀里或者随便放到日常的背包里。猫咪第一次和铲屎官接触，并被带往新的环境时，会有恐惧或焦躁不安的情绪。它们在途中会出现挣扎或想要

逃走的行为，还有可能容易抓伤铲屎官。专用的宠物便携箱是可以上锁的，侧面还有栅栏，在保证空气流通的情况下，能给猫咪较高的安全感。

建议在领走猫咪时用温柔的方式把它装进宠物箱。比如，把猫咪喜欢吃的猫粮放到宠物箱里，用食物诱惑它爬进箱子里。

带猫咪去宠物医院检查后再回家

把猫咪装进宠物便携箱后，不要直接带猫咪回家，应该先去当地正规的宠物医院对它的身体情况进行详细检查，并咨询医生怎样给猫咪打各种疫苗。这时，我们在宠物医院花费很少的检查费用就能帮助猫咪预防很多疾病。做完检查后，就可以放心地带猫咪回家了。

在路上要多安抚猫咪的情绪

猫咪在路上会遇到很多陌生人、不同的景物以及嘈杂的声音，对于它们来说既新鲜又畏惧，它们可能会不停地喊叫、抓挠宠物箱或缩在角落一动不动。这时，你可以在宠物箱旁边观察猫咪，对它轻声说话，让它能感受到安慰，以增加它对你的信任和依赖。

Tips:
养育猫咪最需要的是铲屎官的用心，从带猫咪回家的那刻起，猫咪就是家里的一位成员了，让这个可爱的新成员有安全感对它来说是个很好的开始。

帮助新成员熟悉家庭环境

把猫咪带回家后，首先要做的事情是让它认识其他家庭成员，熟悉环境，更快地融入新生活。

🐾 认识家庭成员

把猫咪从宠物箱里抱出来后，给它一点时间来平复情绪，然后用温柔的语调向它介绍家庭中其他成员，被介绍到的成员要及时回应，向小猫咪表达出欢迎和善意。如果家中有小孩子，要提醒孩子不要过分逗弄和抚摸猫咪，以免惊吓到它。

家里还有其他宠物的话，让它们相互熟悉，如果双方不是很友好，可以把它们分隔在不同的房间，以免发生争斗。等猫咪熟悉了家中的情况后，它们很快就会成为好朋友的。

🐾 参观居室环境

带着猫咪在室内参观，向它介绍它的专属猫窝、猫砂盆、猫食盆、水盆的位置，并让它熟悉这些东西的用处。在猫咪熟悉了室内的布局和环境后，这些地方也留下了它身上的气味，这有助于它更快地融入新家的生活中。

🐾 让猫咪习惯自己睡觉

猫咪到了新的环境会有几天的不适应期。在这个阶段，它会因为心里不安而叫唤，特别是晚上。这时，轻轻抚摸猫咪的被毛，同时用语言安慰它，然后让它自己睡觉。

不能把它抱到床上一起休息，否则它长大后就会认为自己一定要和你睡在一起。那时，你会苦恼不已。

为了让猫咪培养良好的独立生活习惯，从第一天起就要让它独自睡觉。

Tips：

把猫咪第一次带回家时，如果家中有较大的空间，可以先把它放在一个单独的小房间或较大的纸箱子、猫箱子里适应几天，半封闭的环境有利于它产生安全感，也让它对新家和铲屎官们有个熟悉的过程。

给猫咪选择合适的猫粮

　　市场上有很多猫粮产品，涵盖了幼猫、成年猫，以及有特殊需求的猫咪的猫粮，可以根据自家猫咪的情况进行选择。

🥣 根据猫咪的年龄选择猫粮

　　市场上的猫粮分为幼猫猫粮和成年猫粮。我们要根据猫咪的具体年龄来进行猫粮的选择。幼猫猫粮一般是适合 1 岁之前的猫咪。这个年龄段的猫咪身体发育较快，对营养的需求高，但肠胃功能较弱。因此，幼猫猫粮容易消化，动物蛋白质和脂肪含量较高，含有一定的矿物质和其他膳食纤维。很多品牌还推出了湿粮以利于猫咪的消化吸收。

　　成年猫粮的动物蛋白和脂肪比幼猫猫粮要少一些，以避免它们过多摄入这些成分而导致肥胖等病症。

　　同时，很多猫粮中还含有一些护理毛发的成分。不同品牌的猫粮成分也略有偏差，在挑选猫粮的时候一定要看清成分表，根据猫咪的具体情况选择合适的猫粮。

　　还有一种适合各个年龄段猫咪使用的全年龄段猫粮。这种猫粮的营养和热量比上述两种猫粮要多，并不利于猫咪的食用，如果经济条件允许，还是给猫咪选择适合它们年龄的猫粮比较好。

🐾 根据猫咪的特殊需求和喜好选择不同的猫粮

猫咪肠胃功能较弱，要选择容易消化的猫粮。此外，每只猫咪在猫粮的选择上都有自己的偏好，不妨将正规品牌的猫粮各买一点，供猫咪品尝选择。当猫咪对某个猫粮表现出特别的兴趣，可以将这个品牌和口味的猫粮作为猫咪固定的主食。

🐾 自己动手制作新鲜的猫咪食物

猫咪经常吃猫粮会感到食物单调，可以买一些鸡肉或者猪肝等肉类煮熟后喂给它们作为调节，但是要注意：炖煮肉类时不要加入任何调料。煮熟后根据它们的食量每次喂一点即可，不要过量喂食。

Tips: 如何看猫粮成分表？

看成分标签的排序：猫粮中的成分是按照用量由多到少的顺序标示的。

1. 动物蛋白质，这是排在第一位的成分，且有明确的来源：如：牛肉、鸡肉、鱼肉等，动物蛋白质的种类和含量越丰富越好。一般低端猫粮的蛋白质含量在28%以下，中端在28%～32%，高端在32%～42%，通常成年猫的蛋白质要求是不低于26%。

如果排在第一位的是小麦、玉米等谷物的猫粮，要慎重考虑。

2. 脂肪，缺乏脂肪，猫咪的皮肤会出现不适，在大部分猫粮中，脂肪含量一般是14%～20%，但是对于老猫来说，脂肪含量应控制在10%～14%以内。

3. 谷物（即碳水化合物），猫粮中的谷物主要是让猫粮成形，猫咪不需要过多的谷物，如果成分表前五的成分中，有三种是碳水化合物，要谨慎选择。

4. 粗纤维，粗纤维大部分来自于果蔬，主要帮助猫咪的肠胃蠕动，促进消化，猫咪对这类的成分需求不高，好的猫粮粗纤维在3.5%以内，5%以内也是可以的。

给猫咪选择合适的猫砂

市场上猫咪使用的猫砂主要分为五大类，它们有各自的优缺点。

由膨润土为主要成分制作而成，结团性好、覆盖力强、价格便宜，但猫咪在使用时会扬起一些粉尘，而且它的除臭性一般，长久使用会在室内留下粪便的气味。一些较小的颗粒也容易被猫咪带出猫砂盆，散落在各个角落，废弃猫砂无法倒入马桶。

膨润土猫砂

由硅胶成分制作而成，外观漂亮，就像一颗颗细小的水晶球，在使用时有相当强的除臭能力，能较好地结团且没有粉尘的困扰，也不会粘在猫咪的身上。但是这种猫砂的价格比膨润土猫砂高出许多。

水晶猫砂

用各种纸类加工而成，柔软性强，吸水性好，粉尘较少，可以倒入马桶。但是它们的除臭能力一般，结团性较差，遇到潮湿天气容易沾到猫咪的身上。这种猫砂的价格比膨润土猫砂要略贵一点。

纸屑猫砂

由豆腐渣或天然植物纤维为原料制作而成，具有重量轻，结团性好的优点，但是它们的遮盖性较差。少量的豆腐猫砂能倒入马桶用水冲走。在各种猫砂产品中，它是属于价位较高的一种。

豆腐猫砂

木屑猫砂

这种猫砂主要是由回收的各种木料、麦秸秆等为原料制作而成。吸收尿液和结团性能较好，灰尘很少，但有木头气味，很多猫咪不太喜欢这种味道，因此会在家中另选一处作为自己的厕所。

Tips：
　　无论选择什么样的猫砂，用久了都会滋生细菌。所以要经常更换猫砂，并对猫砂盆和周围的空间打扫清理，并仔细消毒，给猫咪和我们自己一个健康卫生的环境。

名称	优点	缺点	价格区间
膨润土猫砂	结团性好 覆盖力强 价格便宜	扬粉尘 除臭性一般	2～12元/千克
水晶猫砂	除臭性强 结团性好 没有粉尘	价格略高	6～17元/千克
纸屑猫砂	柔软性好 吸水性好 粉尘较少 可倒入马桶	除臭性一般 结团性差 易黏毛发	3元/千克
豆腐猫砂	重量轻 结团性好 少量可倒入马桶冲走	遮盖性较差	2～14元/千克
木屑猫砂	吸水性好 结团性好 粉尘较少	有异味	1～16元/千克

如何让猫咪多喝水

　　猫咪是一种不爱喝水的动物，它们的祖先在野外生存时以捕捉小动物为生，从中获取所需要的营养和水分。自从它们成为家庭宠物后，日常的饮食也发生了改变。它们每天吃干粮多，喝水少，导致它们处于缺水状态，久而久之容易引起泌尿系统疾病。

　　在水盆中放满水并不能解决猫咪缺水的情况。动物学家研究发现，一只成年猫咪每天喝水量和它的体重及所吃的食物有直接关系。比如：5 千克重的成年猫，如果吃干猫粮一天的饮水量应不低于 250 毫升，也就是半瓶矿泉水的量。如果以罐头或湿粮为主，只需要额外增加五分之一瓶矿泉水的量就可以了。

🐱 给猫咪提供健康的饮用水

　　最好的方式是将自来水烧开后放凉供猫咪饮用，这样既能消除水中的含氯物质，也能杀死很多细菌、寄生虫，有利于猫咪的健康。此外还要注意频繁清洗水盆，定期更换干净的饮用水。

🐱 在猫粮中增加水分

　　把干猫粮用适量的温水浸泡后供猫咪食用，或者在猫罐头中加入适量的水，还可以把清水煮鸡肉、鱼肉的汤留下来给猫咪喝，但是，这种汤容

易变质，只能当天供猫咪饮用，这些方法都可以帮助猫咪多喝水。

选择猫咪喜欢的盛水用具

猫咪对流水有很大的兴趣，可以选择一款流动饮水器。这种装置能制造出水循环流动的效果，吸引猫咪的注意力，也能增加它们喝水的兴趣。

有的猫咪常常跑到桌子上喝杯子里的水。因为杯子上有铲屎官的气味，所以它们很愿意接近，可以根据猫咪的这种喜好，用旧杯子盛水给猫咪喝。

Tips：
每日多换几次水对猫咪反而有吸引力，需要注意的是，不能随便接自来水喂猫咪，猫咪也需要喝饮用水或烧开过的自来水。

清理猫咪的专属区域

如果猫咪发现自己的猫窝和猫砂盆脏兮兮的，还散发出难闻的味道，它会另觅领地，另找"厕所"。所以一定要定期清理猫窝和猫砂盆，给猫咪一个干净卫生的生活环境。

🐱 猫窝的清理

有人会问：多久清理一次猫窝合适呢？

其实，清理猫窝的时间和频率并没有硬性要求。当你看到猫窝中有很多猫毛和灰尘，还有点异味的时候，就应该及时清理了。

如果是软软的棉质猫窝，清理时要把猫窝拆开，先用除毛器除掉猫毛，然后把猫窝放到盆子里，倒上猫咪专用消毒剂，按照说明浸泡一段时间后清洗干净晾晒即可。最后，再把准备好的干净寝具铺好放在猫窝里。

猫窝应放在阳光能照到的地方，既方便猫咪晒太阳，也有利于猫窝的消毒杀菌。

🐱 猫砂盆的清洁与放置

猫砂盆是猫咪如厕的地方，如果不及时清理和消毒，容易成为细菌、寄生虫的滋生地，既影响猫咪的健康，也不利于猫咪有规律地上厕所。所以每天都要打扫猫砂盆，将结团的猫砂

清理出去，适当增添一些新的猫砂，并将猫砂盆周围散落的猫砂颗粒清扫干净。

一般来说，如果猫砂盆的体积较大，那么 5 ~ 7 天进行一次全面的清理为宜。把盆中的猫砂全部倒掉，用清水冲洗猫砂盆，用猫咪专用消毒剂对其全面消毒，放到阳台晾晒半天，然后倒上新的猫砂。

可以用紫外线消毒灯定期对猫咪的各种用品消毒。紫外线消毒灯能灭杀真菌、螨虫、猫瘟病毒等，还能对猫咪的生活环境消毒，是一种高效、环保的消毒方式。利于猫窝的消毒杀菌。

Tips：
将猫砂盆固定在卫生间或通风条件较好的地方，既容易散味又方便猫咪如厕。不要在猫砂盆中使用空气清新剂或香水来除味，以免猫咪不适应这种味道而拒绝上厕所。

定期为猫咪修剪指甲

给猫咪剪指甲是让很多猫奴头疼的事，猫咪身体灵活，对外界的刺激反应敏感，在给它剪指甲时，猫咪感觉到疼痛或者不舒服就会挣扎反抗。

猫咪的指甲如果长期没有得到修剪，会伤害到自己的脚趾和肉垫。有时它们弯曲锋利的指甲会勾到床单、衣物。所以，根据猫咪的个体情况每隔2～4周就要给猫咪修剪一次指甲。

这样给猫咪剪指甲

猫咪专用的指甲剪能更好地保护它们的指甲。在给猫咪剪指甲时，剪到离血线有一定距离的位置即可。如

果过于靠近指甲根部则容易导致该部位受伤，甚至引发感染。

在给猫咪剪完指甲后，可以顺便查看它们的肉垫和指甲根部是否有受伤的情况，以方便及时处理。一般来说，如果方法得当，大多数猫咪会老老实实地接受剪指甲。

 在猫咪感到放松时剪指甲

猫咪呼呼大睡或卧在你的怀里时是最放松的状态，你可以边抚摸边快速地给它剪指甲。

 用美食吸引猫咪接受剪指甲

用猫咪最喜欢吃的小鱼干、牛肉干等零食吸引它，在它们大快朵颐的时候剪指甲。这时的猫咪非常大度，如果能吃到美味的零食，你怎么摆弄它的手脚都是可以接受的。

用伊丽莎白项圈约束脾气暴躁的猫咪

如果猫咪对剪指甲很抵触，可以将伊丽莎白项圈戴在它的脖子上，把它放置在床上或你的膝盖上，再为其剪指甲就会方便很多。伊丽莎白项圈在使用时小口朝向宠物身体，大口朝向宠物脸部。

> Tips:
> 如果猫咪看不到自己和指甲剪的接触就不会过度反应，所以给猫咪剪指甲时有一个小技巧，就是把猫咪抱在怀中，遮挡它的视线后再剪指甲效果较好。

让猫咪乖乖配合洗澡的好方法

猫咪为什么不能像狗狗一样爱洗澡呢？

这是它们的生活方式所决定的，除了个别品种的猫咪外，大部分猫咪都不喜欢水，它们清洁身体的方式是舔毛。和猫咪共同生活时，我们认为猫咪也需要经常洗澡，其实这是一个误区。频繁洗澡会导致猫咪的皮肤过于干燥，甚至出现一些健康问题。

一般来说，家养的短毛猫每年洗澡 4 ~ 5 次，长毛猫洗 8 ~ 9 次已经足够了。幼猫的身体抵抗力较弱，在长到两三个月后，再洗澡较为安全。

猫咪的皮肤会分泌一种油脂，这种油脂会保护猫咪的皮肤健康，如果过度洗澡会破坏猫咪皮肤的油脂平衡，导致猫咪被毛干燥、皮屑增多，猫咪皮肤瘙痒产生炎症，最终患上皮肤病。

洗澡前的准备工作

在给猫咪洗澡的前一天先剪指甲，以免洗澡时被抓伤。其次，准备好橡胶手套、猫咪专用浴巾以及猫咪沐浴液等用品。

这样给猫咪洗澡

猫咪的洗澡盆不宜过高，要让猫咪在澡盆里能露出头，减少它的恐惧感。水盆里的水温在 40 度左右，水位不要没过猫身。一只手缓慢地从脖子以下清洗，另一只手按住猫咪，不要让猫咪跳出来。将猫咪专用的香波打出泡沫，从猫咪尾部开始，逆着毛发的方向涂抹清洗，将爪子、尾巴部位全部洗到，然后用清水从头部开始冲洗，不要让泡沫进到猫咪的耳朵和眼睛里。洗好后，把猫从洗澡盆中抱出来，用大块的干毛巾擦拭，尽量擦干一些，然后把猫咪抱到暖和的地方，用吹风机从背部向颈部吹干。

Tips:
　　吹干时，一定要注意吹风机的温度，不要过高，以免烫伤猫咪。而且，尽量选择声音小的吹风机，猫咪很容易被吹风机的噪音吓到。

猫咪的耳朵需要清洁吗？

　　健康的猫咪是不需要我们常常帮它清洁耳朵的，猫咪每天在打理自己的被毛时，也会把耳朵清理干净，我们只要定期检查猫咪的耳朵是否有异常情况就可以了。

翻开猫咪的耳朵

　　把猫咪抱在怀中，用两根手指捏住猫咪耳朵的上部轻轻将其翻开，观察耳朵内部。猫咪的耳道是 L 形的，我们只能观察到它的外耳部分，这也是我们观察的重点区域。如果猫咪的耳朵是白嫩的，耳根部只有一点耳垢，耳内没有异味，说明猫咪的耳朵很健康，不需要我们帮它做额外的清洁。

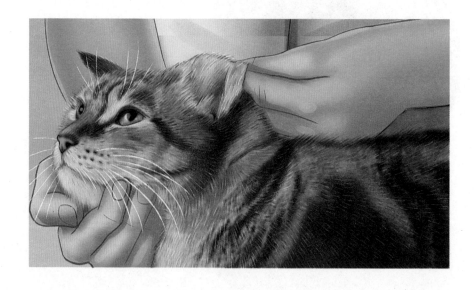

　　如果猫咪的耳朵里有很多黑色的脏东西，或者有红肿发炎的情况，比如有黄色的脓液，有可能是细菌或者寄生虫感染。这时不要擅自处理，要及时带它去宠物医院，按照医生的指导给猫咪用药和清洗。

　　经过医生诊断，如果猫咪的耳朵中仅仅是污垢较多，没有寄生虫或感染发炎的情况，那么在家中给它做一些日常耳部清理即可。

耳部的日常清理

　　一般来说，健康的猫咪 7 ~ 10 天清理一次即可，频繁清理容易导致猫咪的耳朵发炎。清理的具体方法如下：

　　准备好清理耳朵所用的卫生棉球和专用的耳朵清洗液。把猫咪放在平坦的桌子上，一只手按着猫咪的颈部并将它的耳朵外翻。另一只手将清洗液滴入猫咪的耳朵内部，迅速将这只耳朵折过来盖上，轻轻揉搓猫咪的外耳，让清洗液浸润耳中的污垢。一会儿后松开手，猫咪就会迅速甩头将清洗液和污垢一起甩出。再用棉球将猫咪耳中的残余污垢和液体擦拭干净。然后用同样的方法给猫咪清洗另一只耳朵。

Tips:

　　在日常生活中，即使没有给猫咪清洗耳朵，也可以经常按摩它的耳朵。在它习惯了铲屎官对耳朵的"摆弄"后，以后在清理时它就会更加配合。

护理猫咪的眼睛

健康猫咪的眼睛是干净透彻的，眼角周围没有红肿或异常分泌物。猫咪的眼部如果不注意护理，会产生一些眼部疾病。尤其像加菲猫这种扁脸猫咪，它们有独特的面部构造，导致它们的泪腺较短，容易流泪，形成泪痕，而且泪腺也容易被绒毛或杂质堵塞。

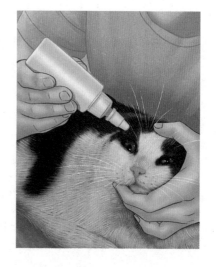

🐱 猫咪眼睛如何护理？

在给猫咪清洁眼睛前，需要准备好专用洗眼液、医用棉球。将猫咪抱在腿上，或者用大号毛巾将它的身躯包裹起来，只留下头部在外面。把猫咪放在膝盖上，一只手按住猫咪的头部，另一只手拿着洗眼液，同时用小拇指下拉眼睑，当猫咪的眼睛完全睁开，滴入一到两滴洗眼液，然后帮猫咪合上眼睛，让液体充分接触眼睛内部，过几秒钟再放手。猫咪睁眼后会用力甩头，把眼中的脏物甩出来。

按照上述办法，为猫咪清洗另一只眼睛。清洗完后用医用棉球擦去猫咪眼睛周围的污垢，将猫咪脸上被浸湿的被毛擦拭干净。

Tips:
给猫咪准备专用的眼药水，最好两个人配合，一人从猫咪头部后侧托握住猫咪，另一人一只手轻轻下拉猫咪眼睑，另一只手滴入眼药水。

猫咪也需要刷刷牙

听说要给猫咪刷牙，是不是有些震惊，养猫真的要这么麻烦吗？

实际上，帮猫咪刷牙是非常必要的，清洁牙齿是减少牙垢、预防牙周病最有效的方法。

猫咪多大开始刷牙？

幼猫的换牙期一般在出生后 7 ~ 8 个月，通常在猫咪过了换牙期后，就可以正式地给猫咪刷牙了。

循序渐进地为猫咪刷牙

很多猫咪刚开始并不适应刷牙，非常抗拒，这时，最重要的是我们要坚持，不要因为猫咪反抗就放弃。

让猫咪适应刷牙这件事，可以循序渐进地进行。第一次给猫咪刷牙，可以在食指上缠绕医用纱布，或者戴上指套，蘸取清水，在猫咪的口腔中擦洗牙齿，要边安抚边轻轻地擦洗牙齿外部，一分钟即可，每周进行两次。每次清洗完后，可以奖励猫咪一些冻干零食。

猫咪适应后，可以把猫咪专用牙膏放在它的嘴边，让它逐渐习惯这种味道，然后，用猫咪专用牙刷涂上牙膏为它刷牙。

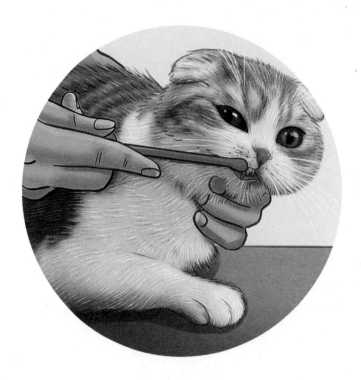

Tips：

刚开始给猫咪刷牙时，猫咪会感到不适应而挣扎，其尖锐的牙齿容易划破手指。所以你最好在手指上多缠几圈纱布，或者戴上没有异味的专用橡胶手套，然后再给它刷牙。

撸猫须知：猫咪的舒适区与"雷区"

撸猫是很多铲屎官最喜欢做的事，也被很多人当作一种缓解生活、工作压力的方式。

但你有没有想过，你撸猫时，猫咪是否开心呢？所以，为了让撸猫成为一件"利己利猫"皆大欢喜的事，铲屎官需要了解猫咪喜欢被抚摸的舒适区，以及不喜欢被触摸的"雷区"。

猫咪的舒适区

下巴。如果跟猫咪不熟，可以先试着抚摸它的下巴，拉近彼此之间的距离。因为，下巴是猫咪自己不容抓挠到的地方，如果你以挠痒的方式抚摸猫咪下巴，它会很享受。

脸颊。脸颊也是猫咪很喜欢被抚摸的部位，尤其是猫咪换牙不舒服的时候，你可以用画圈的方式帮它按摩，增进与猫咪的感情。

头顶。当你抚摸猫咪头顶时，它会感觉到满满的爱意，惬意地眯起眼睛享受。如果突然暂停，它还会主动把头凑到你手下，示意你继续抚摸。

耳朵。猫咪耳朵上有丰富的神经细胞，但是，它自己的爪子又不容易够到，所以揉搓猫咪的耳朵，就好像在帮它挠痒痒，猫咪会非常享受。

背部。如果想俘获猫咪的心，你可以给它的背部做个"马杀鸡"，顺着猫咪的骨骼和被毛，轻轻地抚摸，会让猫咪觉得爽歪歪，很容易对你产生好感和信任。

尾巴根部。尾巴根部靠近后背的区域也是猫咪的敏感区之一，抚摸猫咪的这个部位会让它觉得非常舒服，甚至会不由自主地发出呼噜声或者抖动身体。有时猫咪还会对你撅起屁股，求抚摸。

猫咪的"雷区"

俗话说，老虎的屁股摸不得。猫咪的身上也有很多"雷区"，就算是主人也不能轻易抚摸。

屁股和四肢。屁股、四肢，尤其是两条后腿，都是猫咪的"雷区"，触碰这些区域会让猫咪觉得侵犯它对自己身体的支配权，非常没有安全感，可能会攻击、抓伤碰触者。

肚子。猫咪的肚子比较脆弱，陌生人千万不要轻易触摸。对于比较信任的人，猫咪也可能会主动露出肚子，求抚摸。

鼻子。猫咪的嗅觉非常灵敏，而人的手上经常会有各种异味，用手去摸猫咪的鼻子，会让它感觉特别不舒服，所以，尽量不要抚摸猫咪的鼻子。

肉垫。猫咪爪子上的肉垫皮肤中有丰富的神经系统，可以敏锐地感知外界事物，因此，它们很注意保护肉垫，不喜欢被人触碰。

> Tips：
> 　猫咪有自己的感受，铲屎官要把猫咪当作家庭的一位成员，尊重猫咪的感受和喜好，猫咪不喜欢被碰触的部位，铲屎官就不要碰触了。

猫咪喜欢的"撸猫姿势"

了解了猫咪身体上的舒适区和"雷区"后，铲屎官可以学习一些"撸猫姿势"了。

从头顶开始

头顶是猫咪比较喜欢被抚摸的部位。因此对于不熟悉的猫咪，你可以从头顶"撸"起。用两根手指的指尖轻轻抓挠猫咪头顶，温柔地用力，在猫咪头顶游走，会让它感到放松，身心愉快。

弹钢琴似的按摩两腮

如果猫咪不抗拒你摸它的脑袋，就可以进一步尝试这种"撸猫"手法。用大拇指固定猫咪头部，然后四指像弹钢琴一样抓挠其双腮，最后用拇指上下划动，圆脸猫咪会非常享受这种按摩手法。

大手掌按摩头部

如果猫咪适应了被摸头顶和两腮，就可以试试用一掠而过的方式按摩它的整个头部。采用这个按摩方式的前提是你的手足够大。用手从猫咪的耳朵开始，从前往后划过整个头部，猫咪会很舒服。同时也注意，猫咪的耳朵比较脆弱，所以动作要轻柔一点。

🐻 按摩背部

这种手法就是像揉面团一样来回揉搓猫咪的背部。这种手法通常会让猫咪舒服得弓起身子，这样也更方便我们用力。注意，要顺着猫咪的被毛，从前揉到后，然后抬起手，再从前背部开始往后揉。

如果猫咪喜欢背部按摩，还可以尝试这种方式，先用手掌抚摸猫咪背部，然后弯曲手指，让手指就像梳子齿一样，轻轻在猫咪的背上抓挠。

🐻 轻柔地撸肚子

如果猫咪对你非常信任，在你面前露出了肚子，你可以试试这种撸猫方式。先用手抚摸猫咪的头，表达你的善意，如果猫咪很享受，再尝试用轻柔抓挠的手法按摩猫咪的肚子。如果猫咪表现出抗拒，就要立刻停止，以免激怒猫咪，被它抓伤或者咬伤。

🐻 按摩尾根

尾巴与背部交汇的地方是猫咪很喜欢被按摩的部位。用手轻轻地抚摸或者拍打这里，猫咪会非常享受，还会翘起屁股示意你继续服侍它。

Tips：

如果猫咪对人手按摩反应冷淡，可以试试猫咪专用的按摩梳子，一般这种梳子上有细密的金属丝，会给大部分猫咪带来很舒服的身体体验。无论是用手掌还是按摩梳子，每次给猫咪按摩的时间在10~15分钟即可。

帮猫咪梳出健康的毛发

　　猫咪非常喜欢清理自己的被毛，但这不代表不需要我们来给它梳理毛发。猫咪的被毛要常常梳理，尤其是长毛猫，很容易打结，长期不打理容易患上毛球症。

需要准备的用具

宽齿梳子、密齿梳子、毛刷和专为猫咪准备的毛巾。

一定要顺着被毛的方向梳理吗？

　　一次完整的梳毛工作需要给猫咪梳理四遍被毛。第一遍是用宽齿梳子对猫咪身上的被毛进行梳理，清理脱落的长毛，将打结的毛发疏通开。第二遍用密齿梳子对猫咪全身细细梳理一遍。第三遍用毛刷梳理猫咪身上的被毛，使之更加整齐顺滑。最后，用微湿的毛巾将猫咪身上脱落的零散被毛擦掉。

　　梳理被毛时，要顺着毛发生长的方向梳，遇到打结的地方可以沾点儿清水，将之湿润后再梳。如果仍然无法梳开，要用剪刀将其剪掉。猫咪身上容易打结的部位是肚子、尾巴和后腿上的被毛，也是梳理的重点区域。

Tips：

　　给猫咪梳理被毛时，也可用湿毛巾将其容易脏污的部位擦拭干净，比如其肛门周围、后肢的后部等。

为猫咪制作一个玩具

每个养猫的家庭都准备了很多猫咪玩具，有些玩具被猫咪们三两下就弄坏了，或者玩几次后就弃之不理了，甚至有些细长丝带的玩具，猫咪容易吞食。其实，一个安全、好玩、简易的玩具不一定要从商店购买，有些玩具是非常容易制作的。

废弃的纸箱、毛线团等物品都是猫咪的最爱，用它们做成玩具既节省成本，也能让猫咪玩得高兴，何乐而不为呢！

制作猫抓板

制作猫抓板是非常简单、容易操作的，需要的材料是纸板、尺子、热熔胶带、手工刀。将纸板裁成 3 厘米宽的长条；每个长条在圆形的木棍上缠绕，变得卷曲；将纸条一圈圈的用热熔胶粘在一起，做成一个直径 35 厘米左右的圆形底座；底座完成后，做中间部分，从这里开始，每圈纸条都比上一圈高出 1 厘米，这样连续制作 12 圈，中间部分就完成了；最后来制作边缘，与最高的那圈纸条平齐，继续粘贴 10 圈同高度的纸条，一个猫抓板就制作完成了。

第①步

第②步

第③步

第④步   第⑤步   第⑥步

 制作逗猫球

　　把小铃铛放进洗干净的小号空饮料瓶中，拧紧瓶盖，在瓶子上缠绕三层以上的麻绳或者彩色毛线，线头用热熔胶粘贴住，一个简易的逗猫玩具就完成了。猫咪对这种又轻又能发出响声的玩具特别好奇，能兴致勃勃地玩上好久。

　　我们发挥想象力，可以用常见物品做成各种各样有趣的玩具，给这些可爱的猫咪带来更多的快乐。

Tips:

　　在猫咪的眼中，只要是有趣的东西都能成为玩具，我们可以发挥想象力，利用家中的闲置物品给它制作各种玩具。需要注意的是，给猫咪的玩具尽量不要是绳线纠缠或网状的，以免其在玩耍中被困住手脚产生意外。也不宜制作细碎零件较多的玩具，以避免其被猫咪误食。

猫咪为什么要吃草？

"猫咪不是肉食动物吗？为什么会去吃草？"相信很多新手养猫时都对此存有疑问。有时候看到猫咪"摧残"家里的绿植，以为它又开始调皮捣蛋了。实际上，偶尔"吃素"是猫咪的养生之道和娱乐活动。如果你看到猫咪对绿植产生兴趣，那就应该给它准备猫草了。

猫草到底是什么草？

猫草并不是一种特定植物，而是几种植物的统称，可分为两类，猫麦草（禾本科植物）和猫薄荷草（唇形科植物）。这两种草的效用完全不同，猫麦草是猫咪的助消化营养剂，猫薄荷草是猫咪的兴奋剂。

猫麦草一般有小麦苗、大麦苗、燕麦苗与狗尾巴草等。通过吃猫麦草，猫咪可以摄取到身体必需的多种微量元素，比如叶绿素、烟酸与叶酸（维生素B9），猫麦草还可以作为催吐药，刺激肠胃蠕动，帮它呕吐出卡在肠胃中的毛球。但并不是所有外形类似的植物都适合猫咪吃，千万不要在外面随便采摘一些植物喂给猫咪。猫麦草可以自己在家种植，方法简单，喂猫时也很方便，剪下成熟嫩绿的叶子直接喂给猫咪（以免猫咪自己啃草时将猫麦草连根拔出），或将其拌在猫粮中同食都可以（如果猫咪抗拒猫麦草，就不要使用这种喂食方法）。

猫薄荷草（荆芥）、木天蓼与缬草中都含有能让猫咪感到兴奋的成分，当它沉浸在心情愉悦的满足感中时，会表现出吐舌头、满地打滚、流口水、发出咕咕声等反应。从本质上来说，这和人类吸食成瘾品时产生的神经性兴奋其实是一致的。不过不用担心，就像抽一根烟不染上烟瘾一样，那么一点点猫薄荷的进食量是达不到成瘾效果的，更不会对猫咪的神经造成损害。但孕猫、幼猫与患有哮喘病的猫最好不要食用猫薄荷草。（由于生理机能差异，人类摄入猫薄荷草并没有兴奋效果，反而会导致头痛呕吐，不要尝试！不要尝试！不要尝试！）

🐾 食用猫草的最佳年龄

对于年龄太小的幼猫来说，拒猫草于千里之外或吃完后没有任何反应的情况都是正常的，因为它们的嗅觉和消化系统还不能很好地适应猫草。在猫咪2个多月时，我们就应该将猫草种植起来，等到猫咪3个月大时，它的身体准备好了，猫草也长出来了，每隔一周让猫咪接触一次猫草，给它"尝尝甜头"，再根据接受程度决定其后的供应量。需要注意的是，猫草中含有大量粗纤维，过量食用反而会导致消化不良，不能一次性给予太多。

🐾 猫麦草种植小方法

第一步，浸泡种子。水是种子的三倍左右，夏天浸泡12个小时，冬天浸泡24个小时。

第二步，催芽。把3～4张卫生纸叠放在一起，用水浸湿，将猫麦草种子均匀地撒在纸上，放置于避光温暖的地方，每天浇水一次，让卫生纸保持湿润即可，切勿过量。

第三步，播种。在种子长出小小的胚芽后，将其均匀地撒在绿植专用营养土上，上面再覆盖厚度约1厘米的土。

第四步，浇水。每天早晚各浇水一次，给予充足光照，但应避免在阳光下暴晒。

第五步，收割。大约一周后，猫麦草长到叶片变宽、高度5～7厘米时即可以食用了。与韭菜类似，猫麦草可以收割三岔，等到猫麦草变得又老又黄时，就需要重新种植了。

Tips：猫咪的植物禁区

以下植物对猫咪来说都是有毒的，务必让猫咪远离它们，以免误食。

百合科：百合花、洋葱、芦荟、韭菜、黄花菜、郁金香等。

天南星科：常春藤、绿萝、白掌、滴水观音、春羽、小天使、龟背竹、彩叶芋、合果芋、马蹄莲、粗肋草、万年青等。

球根类：郁金香、风信子、朱顶红、洋水仙、番红花等。

茄科：马铃薯、番茄、茄子、红辣椒等。

另外像洋地黄、铃兰、飞燕草、杜鹃花、长寿花、康乃馨、菊花、绣球花、夹竹桃、牡丹、芍药等花类对猫咪也有害。

这些食物千万别给猫咪吃

在每一位养猫人士的心中，猫咪的饮食是头等大事，哪些常见食物对猫咪的健康有害呢？

🐱 高糖、高盐和有各种调料的食物

有的家庭会在吃饭时顺手将自己爱吃的食物喂给猫咪，或者将剩饭剩菜倒进猫食盆里。这是一个很大的误区，猫咪的生理结构和营养需求和人类不同，这些食物并不适合它们食用。我们正常摄入的糖分、盐分、油脂会破坏猫咪体内的营养平衡。如果猫咪食用过多的糖类和油脂会导致身体发胖和缺少营养。我们日常喜欢用的味精、辣椒等各种调料对猫咪也有很大的伤害，如果摄入量过多，甚至会危及生命。

🐱 含有咖啡因、茶碱、可可碱的饮料

猫咪会偷偷喝杯子里剩下的咖啡或茶水，但咖啡因、茶碱以及巧克力中的可可碱，都属于能促使中枢神经兴奋的物质。如果猫咪食用了含有这些成分的饮料或零食，有可能出现中毒症状。倘若猫咪过量食用还有可能危及生命。所以，请把这些饮料和食物都放在安全的位置，以免淘气的猫咪误食哦。

🐱 对猫咪有害的蔬果和花草

我们常见的洋葱、韭菜、大葱等葱类蔬菜瓜果以及百合科、芦荟科等植物花草，猫咪食用后会引起呕吐、腹泻、贫血等症状。葡萄制品会影响猫咪的肾脏功能。因此，

我们不能给猫咪喂食这些食物，除此之外，还有一些可能会引起猫咪不适的食品也不宜给它们食用。比如，食品添加剂、食用色素等。

骨头和未煮熟的肉类

生肉和动物内脏中会藏有细菌和寄生虫，如果买来直接喂给猫咪，会损害它们的身体健康。建议把肉类食材用清水煮熟再喂给猫咪，而骨头类的食物不宜给猫咪吃，动物骨头被猫咪啃咬后容易形成锋利的骨头渣，猫咪吞食后有可能伤害到食道和肠胃，严重时会造成肠胃出血等情况。

猫咪不能吃的水产品

猫咪喜爱吃鱼是天性，但并不是所有的水产品和海产品都适合它们食用。比如，我们食用的虾、螃蟹、章鱼、贝类等会使有的猫咪出现过敏和消化不良症状，如果猫咪长期食用这些水产品，会导致肠胃炎，且影响猫咪对维生素的吸收。

金枪鱼是猫咪最喜欢吃的一种鱼，但这种鱼含有较多的重金属，猫咪过度食用后容易导致体内重金属过量。同时，金枪鱼的味道很鲜美，猫咪吃了后容易上瘾，从而对其他食物产生排斥心理。因此，平时尽量少给猫咪食用含有金枪鱼的食品。

Tips:
煮熟的骨头也尽量不要喂给猫咪，煮熟的骨头更容易形成骨头渣，同样对猫咪的肠胃不利。

度假出差时如何安置猫咪？

很多工作忙碌的铲屎官常遇到这个棘手的问题：因工作需求要出差几天，家里的猫咪怎么办呢？休年假时想去心仪已久的地方旅游，可家里还有猫咪，该怎么办呢？

🐱 短期出门，将猫咪留在家中的方法

猫咪是一种独立性很强的小动物，它们能够忍受较长时间独自生活的情况。如果你出门时间在半个月以内，做好准备工作后可以把猫咪留在家中。

🐱 把门窗、柜门、阀门等关好

先把家里的柜门关好，以免猫咪无聊时在柜子里玩，被关在柜子里面出不来。室内各个房间的门都要打开，避免猫咪被关在没有食物和水的房间。房间的窗户、天然气和水的管道阀门都要关好，防止猫咪玩耍中越窗而出或触碰这些开关出现意外。

🐱 多备些猫粮、猫砂和水

如果你出去一周的话，那就要备下两周的猫粮，以应对出现意外无法及时返回的情况，猫粮和水要放置在多个猫食盆里，然后放在房间的多个位置。如果你想科学地控制猫咪的饮食和饮水，可以购买自动喂食器和喂水器，既能防止猫咪无节制地吃猫粮，

也能保证猫粮和水一直处在比较新鲜的状态。

猫咪非常爱干净，如果猫砂盆里的便便较多，它就会弃之不用，而在屋里的其他地方方便。为了避免出现这种情况，你可以多准备几个猫砂盆，都倒上猫砂。

请亲友帮忙照料猫咪。

你在出门前可以和喜欢猫咪的亲友联系，请他们每两天去看望猫咪一次，给它换水、添加猫粮、清理粪便。

长期出门在外时可选择寄养猫咪

如果你需要出门半个月以上又不方便携带猫咪同行时，选择寄养是一个不错的办法。

寄养在亲友家中

这是一种最稳妥、最令人放心的寄养方式。你要事先选好能接受寄养猫咪的亲友，征得对方同意后再送去。需注意的是，有的亲友家中有小孩子，为避免出现意外，就不宜将猫咪送去寄养。在送去寄养时，应将猫咪的用具以及猫粮、猫砂等一并带去，猫咪使用自己熟悉的用具会有安全感，利于较快地适应新环境。

寄养在其他有猫咪的人家

你所住的社区附近，如果有养猫的家庭愿意伸出援助之手，帮你照顾猫咪一段时间，你可以向他们请求帮助，协商好寄养相关费用等问题。所有事情都谈好后，你可以将猫咪及用品带去，请他们代为喂养一段时间。

寄养在宠物医院或宠物商店

很多人会选择将猫咪寄养在宠物医院或宠物店里。这些地方有专业人士照料，还能针对猫咪突发的疾病进行及时有效的处理。你在寄养前可以先实地参观环境，确认消毒情况，并咨询相关手续和费用。一切谈妥后，你可以把猫咪寄养在这些地方。外出期间，你还可以通过视频等方式向饲养员了解猫咪的状态，方便又放心。

Tips：

　　铲屎官在出差前安置猫咪时，如果是将其安置在自己家中，除了给它备足常用的猫粮等物品外，还应备些补充维生素、微量元素等的营养剂，请朋友按时喂养，以增强其抵抗力。如果是将其安置在宠物医院、宠物诊所或朋友家中，为了避免交叉感染导致猫咪生病，还应检查是否给其按时打了疫苗，如果没有，就要尽快补打。

如何带猫咪一起快乐出游

有人外出旅行时想要带上猫咪，但是每个猫咪的性格不同，带它们外出时，猫咪对外界会有不同的反应。

首先要明确的是，不是每只猫咪都能和你一起外出的。有些乖巧又大胆的猫咪不惧怕陌生的环境，它们能较快地适应；但不爱出门的猫咪对外界充满了警惕，无法适应陌生的环境。如果猫咪比较胆小，最好不要挑战猫咪的底线，外出时就不要带上它了；如果猫咪聪明、听话又大胆，喜欢去户外探险，而且你平时常带猫咪在户外玩耍，那可以根据猫咪的情况和你对它的了解，尝试能否在短途旅行中带上猫咪去看看世界。

如果你有带猫咪旅行的想法，请看看下面的建议。到底要如何带上猫咪去旅行呢？

提前查询旅游目的地对宠物的要求

比如，相关的景点是否允许带宠物进入，选择允许携带宠物入住的宾馆，等等。

选择旅游的方式

如果你选择乘坐长途客车、火车或飞机出行，就要准备尺寸较大的封闭猫箱，并提前让猫咪在里面睡觉，以适应这种休息方式。你还要考虑到飞机、火车托运猫箱所带来的意外情况以及应对方式。如果你选择自驾游，那携带猫咪和相应的物品就会方便很多。

准备好猫咪需要的各种用品

猫咪的常见物品包括猫粮、猫砂、猫咪专用水壶等。为了预防猫咪出现腹泻、外伤等情况，还要准备一些相应的药品。另外，你还要准备好猫咪的保健卡，各种疫苗注射的证明等，以备检查。

提前让猫咪适应热闹的环境

很多猫咪对新环境的反应比较敏感，甚至会拼命挣脱逃走。 在旅行前要经常带猫咪出门遛弯，让它适应有人群和车辆的环境。在旅游目的地游玩时，你也要始终将猫咪放在便携式猫包里。如果将它抱出猫包，就一定要系好牵引绳，以防它受到惊吓发生应激反应，或是意外走失。

Tips:

　　带猫咪出去游玩时，应注意适时抚慰猫咪，如抚摸它的背部，用温和的语气和它说话，经常给它爱吃的食物，等等，使其心情处于平静状态，它就不会对外界变化产生过激反应。

Part

3

猫咪的历史和独特的身
体构造

猫咪，陪伴我们数千年的伙伴

你知道吗，身型娇小的家猫和老虎、狮子同属猫科动物，它们在 3000 万年前有着共同的祖先。在随后的生存竞争中，有的猫科动物种类消失在了漫长的历史长河中，有的适应了自然的变迁而存活至今。其中就有一支野猫种群，它们就是我们驯养的家猫的祖先。

据专家考证，有确凿证据的家养猫咪历史可以追溯到 9000 多年前的中东地区。2001 年，我国的考古学家在陕西省全护村遗址中发现了两只猫咪的头骨化石。经过研究，他们认为我国驯养猫咪的历史至少在 5000 年以上。

那时的人们辛苦种植和储藏的粮食经常被老鼠偷吃。人们为了消灭老鼠想了很多办法，在偶然间发现猫咪是捕捉老鼠的能手。于是，人们就尝试驯养野生猫咪，让它们捕捉老鼠，保护家里的粮食。后来，人们发现猫咪还能有效消灭蛇、蝎子等伤人的生物。

随着时间的推移，猫咪也被人们带到了世界各地。如今人们在每一座城市，每一个乡村都能看到它们的身影。到了 19 世纪时，猫咪已经成为很多人喜欢的家庭伴侣宠物了。人们还为了观赏和展示而培育了各式各样不同品种的猫咪。

那时，英国人为它们举行了专门的展览活动。英国维多利亚女王也出席了猫咪大展，这一举动推动了专业猫展的发展。英国著名学者、猫展创办人哈里·森维尔开创了集中展示纯种猫的先河。他把欧洲各个地区有代表性的品种猫咪集合起来展览，吸引了大批的观众踊跃参观。从此以后，各种猫咪展会在世界各地逐渐流行开来。

不仅如此，专家们还在生物学研究的基础上制定了纯种猫咪的品种标准。如今你所知道的猫咪品种标准和驯养、护理方法等都是一代代专业人士深入研究和不断推广的成果。他们的努力为猫咪更好地融入我们的家庭，成为更优秀的伴侣动物做出了极大的贡献。

Tips：

据说，在古埃及，因为猫咪能够控制鼠患，保护谷仓，所以被当时的人们奉为圣兽。公猫曾经被当作祭品献给创造了人类的拉神（Ra），当时的埃及人相信，拉神会借助公猫的身体与邪恶的黑暗之蛇阿匹卜（Apep）战斗。母猫则象征着长有猫头的巴斯泰托女神（Bastet）。她是拉神的女儿，既代表着温柔贤良，也代表着勇敢好战。

猫咪的聪明大脑

虽然猫咪不会进行一些动作表演，但聪明的猫咪知道如何推开窗户、会用遥控器打开电视、去收纳箱里找橡皮筋，甚至当你把它的玩具藏到抽屉里时，它会围着抽屉转来转去，相信玩具一定在抽屉里……既聪明又高冷的猫咪有着怎样的大脑呢？

🐟 猫咪的大脑

在猫的大脑中，与感官相连接地各个部分皆十分发达。但是，猫前头叶的发育程度比灵长目动物要简单得多。猫咪大脑的神经元很少，而人类的大脑神经元非常密集，人类大脑有 160 亿个神经元，而猫咪的大脑有 2.5 亿个神经元，有专家研究发现，成年猫咪的智商相当于 1 ~ 2 岁人类的智商。

🐟 善于学习的猫咪

猫咪的智商类似于人类的婴幼儿，只能理解铲屎官的一些简单的话语和动作的含义，而且能不能按照指令来做还要看猫咪的心情。如果想和猫咪更亲密地共处，就要抓住猫咪的特点，耐心地加以训练。

猫咪有较强的学习能力，如果在收养幼猫时开始对它进行训练，那么它在一两岁后就有可能学会很多东西。比如，学会开门、扭开水龙头开关，还能按照指示叼来一些东西放在你的脚边，甚至能配合你做一些高难度的运动表演。

如果它们的表现能得到铲屎官的奖励，那它们"学习"的劲头会更足，进度也会更快哦。

良好的长期记忆力

猫咪有"短暂的失忆现象"，它们在不懈地追着玩具玩耍时，中途会突然停止，转头去做其他事。猫咪经常把自己喜欢的东西藏在沙发下、柜子后，但转身忘得一干二净。因此，人们会认为猫咪和鱼一样有着糟糕的记性。有些铲屎官为此会产生这样的担忧：如果和猫咪分开很长时间，它会不会把我忘了呢？

其实无须担心，猫咪和人一样有短时记忆和长期记忆，猫咪的长期记忆力是非常好的。幼猫在经过记忆训练后，记忆力在十几分钟内，但未经训练的猫咪，记忆力仅十几秒。如果你喂养它们一段时间后分开了，几年后它们依然会记得你，能分辨出你身上的味道，能听出你独一无二的声音。

> Tips:
> 　　猫咪有较强的学习能力和长期记忆力，未经过训练之前它可能听不懂铲屎官的语言，但能看懂铲屎官的身体动作，良好的记忆能力能让猫咪记住铲屎官的手势动作，明白铲屎官的指令。

能洞悉黑暗的"夜视仪"眼睛

猫咪在黑暗的环境中可以自由地跑来跑去，轻而易举地捕捉猎物，是因为猫咪的视力非常好吗？实际上并非如此，猫咪的眼睛是色盲和近视的双重组合。

🐾 猫咪眼睛的结构

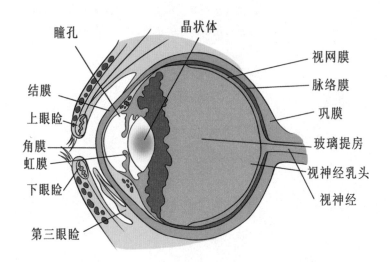

🐾 眼角膜和眼结膜：透光和清洁眼球的主力军

在猫咪眼球表面中间部位有一层一层透明的薄膜，它就是眼角膜了。眼角膜有丰富的神经末梢，能敏锐地感知外界光线的细微变化，也是光线进入眼睛的第一道关口，它还能及时察觉进入到眼中的异物，并使眼睑闭合以保护眼睛。

眼结膜是一层很薄的透明黏膜，其中有许多细微的血管，是眼球的眼白部分和眼睑的内表面。当猫咪闭眼时，结膜就能覆盖眼角膜，并对眼睛起到润滑和清洁的作用。

虹膜：猫咪眼睛颜色的主导者

虹膜位于眼角膜的下面，晶状体的前面，它的中间是瞳孔。虹膜由结缔组织构成，含有能产生色素的细胞组织。不同猫咪眼球中产生色素的细胞数量不一样，因此形成了不同的眼睛颜色。另外，猫咪出生后，随着年龄的增加，眼睛的颜色也会发生改变，成年后眼睛的颜色就会稳定下来。

晶状体、视网膜和瞳孔：猫咪超强视力的主要"功臣"

晶状体位于虹膜的后面，能调节猫咪对不同距离物体的观察能力。

视网膜位于眼球后部的内壁上，由猫咪的视网膜和人一样，有两种视觉感受细胞，即视杆细胞和视锥细胞。视杆细胞具有良好的夜视能力，对暗光线很敏感；视锥细胞则具有辨析能力。猫眼的视杆细胞比人眼多，而视锥细胞比人眼少。因此猫眼在低光度的情况下功能较好，但是缺乏精细的辨析能力。

猫咪的瞳孔位于虹膜中心，是一个可以随着光线多少而收缩或放大的孔，在强烈阳光的照射下，猫咪的瞳孔能缩小成一条缝，收缩到极致是一个圆点。不仅如此，猫咪瞳孔的收缩与放大和它们的情绪也有着紧密的关联。

猫咪的瞳孔调节能力比人类强很多，它们能够在微弱的光线下看清楚周围的一切。它们这种超强的视觉能力特别适合在夜晚捕捉老鼠。

眼睑：眼球的外部保护屏障

猫咪的眼睑位于眼球的外部，我们俗称为上下眼皮，眼睑中间的部位是睑裂。

瞬膜：神奇的第三眼睑

猫咪的眼中还有一种被称为瞬膜的组织，又被称为第三眼睑。它是由上下眼睑内部的黏膜组织组成的半透明褶皱。当猫咪观察周围的景象时，瞬膜会缩回眼眶中，当猫咪打盹儿或休息时，瞬膜会覆盖在眼球上，起到湿润眼球和阻止风沙进入眼中的功能。

对于猫咪来说，第三眼睑能够帮助它们分泌泪液并将泪液均匀覆盖在眼球上，同时清除角膜上的杂物，同时，第三眼睑也能分泌油脂成分，使眼睛不易干涩。

猫咪长时间盯着一个地方看，都不用眨眼，这也是因为它们拥有神奇的第三眼睑。第三眼睑上的肌肉组织较少，所以无法快速地拉开瞬膜。因此猫咪很少眨眼，以免瞬膜露出来遮住眼睛后，无法快速收回。

🐾««« 猫咪的眼睛为什么会发光？

在晚上或者光线条件差的室内，借助光源会发现它的眼睛好像在闪闪发光。如果用手机给猫咪拍照，照片上它们的眼睛好像两个发光的球体。

这是怎么回事呢？

猫咪和其他一些动物的眼睛具有特殊的保存光线机能，有如高效的镜子般，可以反射光线。这是人类的眼睛所没有的机能。

🐾««« 猫咪的"超广角"

眼睛的视野宽阔度直接决定了看到的景物的范围，猫咪的视野范围比人类要宽广得多。因此，当你想从猫咪的侧后方偷袭它时，即使它不回头，你的一切行为也都被猫咪看在眼里。猫咪宽广的视野有利于它迅速准确地捕捉猎物。

🐾««« 猫咪是个敏捷的"近视眼"

猫咪的视网膜上具有辨析能力的视锥细胞比较少，因此在明亮环境下，猫咪对精细事物的辨析能力是不如人类的。

有趣的是，虽然猫咪是"近视眼"，但它们对运动物体的捕捉能力比人类高出太多。猫咪对身边物体的移动非常敏感，比如，距它3米远的地方有个猎物，哪怕以非常缓慢的速度移动，都能被猫咪轻易地觉察到。如果它把注意力放在远处，那么十几米外的物体移动它也能及时发觉。这是因为，猫咪的反应速度大大快于人类，在人类看来很迅速的动作，在猫咪的眼中可能是慢吞吞的。

Tips:
　　有一些猫咪天生异瞳,也就是虹膜异色,两只眼睛的颜色不一样,通常是一只蓝眼睛,一只其他颜色的眼睛。如果一只白色被毛的猫咪两只眼睛虹膜异色,有一只眼睛是蓝色,那么这只猫咪有听力缺陷的可能。这是因为决定眼睛是蓝色、被毛是白色的基因属于同一个基因组,而且这个基因组与决定耳聋的基因有关联。

能"捕风听音"的超级听力

　　猫咪在家里呼呼大睡时，会忽然竖起耳朵，抬头看看周围，敏捷地跳出猫窝奔向门口。过了一会儿，门开了。原来它早早地听到了铲屎官的脚步声，来到门口迎接。每次回到家看到猫咪在门口等候，一定非常治愈吧！

　　猫咪敏锐的听力得益于它们特有的耳部结构。

猫咪的耳部结构

　　猫咪的耳朵是由外耳、中耳和内耳三个部分组成的。外耳的耳翼用来收集外界声音，通过耳道传到中耳和内耳，再由鼓膜、乳突、听骨链和耳蜗等部分将声音转换为信号，传递到听觉神经，猫咪就能听到外界的声音了。

　　很多猫咪耳朵根部都有一个小豁口，它有一个有趣的学名叫皮肤边缘袋。这种构造能改变声音轨道，让猫咪听到一些老鼠高频的声音，是猫咪捕捉老鼠的好"帮手"。

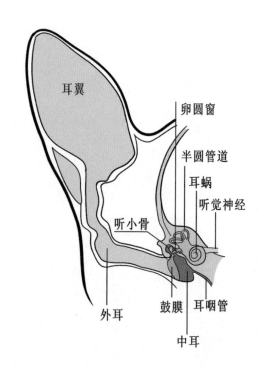

能灵活转动的外耳

猫咪的外耳看上去像三角形的喇叭，这种独特的形状有助于收集更多的声音。猫咪的外耳周围有小肌肉群，能协调控制外耳的转向以便寻找声音来源。当周围有声音发出时，它的身体和头部不用转动，耳朵就能轻松转向发出声音的位置。神奇的是，猫咪的两只耳朵可以分别转向不同的方向，也就是说猫咪可以同时准确分辨出它周围不同方向的声源。凭着这项特殊的技能，猫咪能很快找到老鼠等小动物的位置，甚至连蟑螂都能被它轻而易举地发现。

宽广的听力范围

人耳可以听到的频率范围是 20 ~ 20000 赫兹，猫咪的听力范围则一般在 45 ~ 64000 赫兹，而且，猫对高频率范围的声音具有优异的辨别力。比如，当一只小老鼠在房里轻轻活动时，人类是听不到老鼠的声音的，而猫咪却能听得清清楚楚，还能准确地找到声音的来源。

Tips：

之前说过，有些蓝眼睛的白猫在听力上有缺陷。这究竟是怎么回事呢？

部分蓝眼白猫的这种缺陷被称为先天性耳聋综合征。这是在世代繁育时出现基因缺陷导致的，在繁育时，蓝色眼睛的基因与白色被毛的基因属于同一个基因组，但恰恰这个基因组与听力基因息息相关。

那么，有缺陷的蓝眼白猫是如何"听"声音的呢？它们四个爪子下的肉垫发挥了很大的作用，蓝眼白猫的肉垫有着更丰富的感受器，能感知到接触面异常微小的震动，所以，耳朵的缺陷不会影响它们的身体平衡和健康，喂养起来跟正常猫咪相比并没有太大的差别。

远超人类的嗅觉

在猫咪的所有感觉器官中，嗅觉器官的外观最为普通，但它的功能异常强大，嗅觉是猫咪重要的"语言"。

🐾 猫咪的嗅觉器官

猫咪的鼻子不只是承担着呼吸的作用，鼻黏膜内有嗅觉神经末梢，帮助猫咪分辨各种不同的气味。猫咪的鼻腔内层大约有 1900 万根神经末梢，而人类只有 500 万根。

🐾 用鼻子表达友好和信任

猫咪总是用鼻子在各种物体上蹭来蹭去，也常常用鼻子去蹭铲屎官的手和腿部。猫咪的警惕心很强，它们通常不喜欢把脸面向铲屎官，害怕眼睛和鼻子会受到伤害，所以，猫咪之间如果用鼻子相互靠近，是表示彼此关系很好，猫咪用鼻子去蹭你的时候，是对你非常信赖的。

🐾 猫咪用嗅觉识别食物与温度

猫咪主要是靠嗅觉辨别哪些食物可以吃，哪些食物不能吃。在猫咪的嗅觉细胞中，有一部分细胞对含有氮化合物的气味有更加敏锐的分辨能力。所以，如果猫咪对食盆里的食物不感兴趣，要么它已经吃饱了，要么就是它发现这些食物散发氮化学物质的气味，有点变质了。

猫咪的鼻子还有一个很神奇的功能，就是测试食物和水的温度。猫咪在吃东西前总是先将鼻子靠近食物急促地吸气，通过判断鼻腔中空气变化来判断食物的温度是否适合自己。哪怕食物的温度比平常只高了一点点，它们都能准确地察觉到，猫咪通过嗅觉可以对温差精确判断到0.2℃以内。

嗅觉是猫咪的"敌友识别器"

猫咪在遇到同类时，首先是通过嗅觉捕捉到对方的气味。所以猫咪相遇第一次总是嗅对方的鼻子，如果双方都没有敌意，它们会去闻对方的屁股。在猫咪的屁股附近有很多腺体分泌物。分泌物中包含了这只猫咪的身体状况和身份信息，就像是猫咪的"身份证"，具有社交作用。然后猫咪就会蹭对方的身体，将自己的气味留在对方身上，下一次遇见时就知道"哦，这是我的朋友"。

如果猫咪遇到一只凶恶的动物，它在受到惊吓的同时也会牢牢记住对方身上散发的气味。再次相遇时，它能马上判断出"这是我的敌人"，从而采取适当的应对方式。猫咪与生俱来的本能就是将自己的气味留在领地内，并在自己的伙伴、铲屎官身上留下气味。

Tips：

有些猫主人可能会注意到，家里的猫咪鼻子有时是湿的有时是干的。这正常吗？

健康的猫咪鼻头就是会干湿交替的。当猫咪在调节体温时，汗腺就会湿润鼻子让猫咪的鼻子变湿；当生活环境干燥时，鼻头也是干燥的，但如果猫咪的鼻头一直都是干燥的，可能是猫咪患上了呼吸道或者感冒等疾病，铲屎官要多多观察猫咪的身体状态。

特殊的味觉

初次养猫的人可能会按照自己的喜好给猫咪喂食，比如，把自己爱吃的食物分享给猫咪，当他们看到猫咪也吃这些食物时，就误以为猫咪喜欢这种食物。

这种做法是错误的。猫咪是肉食动物，它们的祖先在狩猎时，首先品尝到的是猎物体内肌肉和脂肪的味道。久而久之，它们舌头上的味觉器官随之发生变化以便更适应生存需求。猫咪对肉类的味道非常敏感，它们的味觉也能敏锐地分辨出眼前的食物是否新鲜。

🐟◄◄◄ 猫咪舌头的"倒刺"

猫舌正面像粗锉刀一样，由千百个朝后倒的小隆起物，即舌乳头组成。舌乳头有利于猫咪将骨头上的肉剔除干净。舌乳头上带有大量唾液，猫咪在舔舐毛发时，可以通过唾液沾到毛发上来降温。更神奇的是，舌乳头的末端是可以通过舌头肌肉的控制而自由转向的，所以，猫咪可以靠其将身上一些打结的毛发梳理开。

🐟◄◄◄ 猫咪无法分辨"甜味"

猫咪舌头上的味觉乳头主要分布在舌尖两侧和舌根。

作为食肉动物的猫不需要甜食，而且糖对许多猫科动物都不适合，会引起消化功能紊乱。猫没有感受甜味的感觉神经。

随着年龄的增长，猫咪味觉的敏感程度会有所降低。另外，如果猫咪患了感冒或上呼吸道疾病，它们对食物的味道也会反应迟钝，甚至会尝不出食物的味道。

Tips：

　　猫的舌头堪比一台精密的测量仪器。食物和水有没有变质猫咪的舌头一尝便知。猫咪的肠胃功能较弱，如果吃了变质的食物可能会生病，甚至导致死亡，所以它们慢慢进化出了这种本领。

灵敏的触觉

猫咪这种毛茸茸的动物，不但有着敏锐的听觉、视觉，还有着独特的触觉。它们的触觉器官主要是嘴上的胡须、眉毛和身上的触毛。

胡须和眉毛

猫咪嘴巴两侧有长短不一的胡须，胡须的质地较硬，两边的胡须展开时的总长度超过了猫咪身体中最宽部位的宽度。

猫咪的胡须有大量的触觉神经，像是一把多功能智能标尺，承担着测量周围物体之间的宽度能否让自己通过的作用。

当猫咪在狭窄的地方行走时，会先用胡须试探前方的宽度，此时，胡须产生的触觉不用传递给大脑，而是直接传输给全身的肌肉，肌肉的反射神经会调动骨骼，让猫咪灵活地调整身体姿势。

如果猫咪的胡须被折断或剪掉，它就会在一定程度上失去对身边物体的触感，表现出焦虑、无所适从的样子，还会出现在奔跑中撞到门框、椅子等情况，所以，胡须可算得上是猫咪身上最重要的体毛之一了。

在猫咪每个眼眶上面都有一小撮眉毛，这些眉毛比胡子要细柔得多，数量也很少，它们很可能起到和胡须类似的作用，是猫咪的一种触觉器官。

Tips：

与猫身上易掉落的毛发相比，胡须生长得更深，也更牢固，而且连接着敏感的肌肉和神经系统。如果不断地碰触猫咪胡须，会给猫咪带来不适感。

遍布全身的触毛

猫咪的被毛中有着数量较多的触毛，这些触毛比其他被毛要长一些，触毛下的皮肤有着更为密集的神经细胞，能帮助猫咪更准确地感知身体接触到物体的情况，这有助于它们在狭窄或复杂的地形中行走时对身体的控制。

猫咪背上的触毛在碰触到身边的物体时，它不用回头察看就能直接做出相应的反应，这比仅用眼睛观察四周要更为方便有效。猫咪在灌木丛中灵巧地行走，能避开很多树枝的阻挡，其中就有触毛的作用。

Tips：

猫咪对冷空气的感觉十分敏锐，一冷就会蜷起身体来取暖。但是对于热的感知就相对差一些，通常要周围的温度超过52℃时，猫咪才会有不耐或不适的反应。所以铲屎官在为猫咪取暖时一定要注意，让猫咪在安全的环境下取暖，远离明火，以免发生危险。

惊人的运动能力

　　"即使再高，也没有猫咪到不了的地方。"每个铲屎官家里，最高的柜子顶部一定是猫咪最爱去的地方，从地上到柜子顶端，猫咪展现了高超惊人的运动能力。

　　这种优秀的运动能力得益于它们的生理结构。

🐟 猫咪的身体"越拉越长"

　　当猫咪睡觉时，常常将身体蜷缩成一团，它们睡醒时则会伸个懒腰，这时你就发现它的身体会拉长很多。这是它们特殊的骨骼结构造成的。首先，猫咪的脊柱骨骼数量比人类要多。猫咪有 7 块颈椎，13 块胸椎，7 块腰椎，3 块荐椎，还有 3 ~ 28 块尾椎（不同品种猫咪的尾椎骨数量不同）。其次，猫咪的椎骨等骨骼之间的连接并不紧密。它们之间由韧带和肌肉连接和固定，这使得骨头之间的缝隙较大。当它们在狭小空间内穿行时，就能加大骨骼之间的缝隙使身体变长，以更灵活的形态活动。最后，猫咪的胸部只有一小块很小的锁骨组织，这导致他们的胸腔较狭窄，也提高了它们在狭小空间内行动的能力。

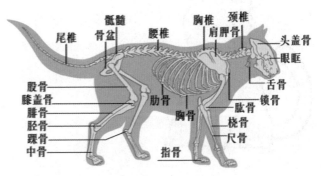

惊人的弹跳力

和猫咪玩耍时，它们能轻易地跳起半米多高，还能在空中灵巧地转个身，轻轻地落在地上，像位优秀的跳高运动员。

猫咪为什么有如此优越的弹跳力呢？

这得益于它们特有的四肢和肌肉群。

猫咪的四肢骨头较多，关节灵活，后肢比前肢长，肌肉也更加发达。猫咪走路时用的是趾节骨，前后掌骨不接触地面，类似我们用脚尖走路的样子，这使得它们走路时和地面的接触面积较小，确保了它们在捕猎时不惊扰猎物。

猫咪是以跳跃为主要运动方式的动物，当它们下蹲时后肢大幅度弯曲，然后猛地蹬地上跃，能极大地提高跳跃的速度和距离。一只猫咪能跳跃自己身长5至7倍远的距离，惊人的弹跳力有利于它们提高捕猎的成功率。猫咪体内肌肉的爆发力非常强，而且它们能充分利用这些力量，为跳跃提供强大的动力。

小肉垫大作用

猫咪在跳跃和奔跑等运动中，有一个不起眼的部位起着非常重要的作用，那就是它们爪子上的肉垫。肉垫是猫咪和桌面、地面等相接触的部位，它的弹性很强，不仅是猫咪走路时悄无声息的"法宝"，还是猫咪和地面接触时的重要缓冲器。当它们从高处跃下时，肉垫能极大地缓冲地面的反作用力，保护自己的身体。这些小肉垫还能让猫咪在光滑的地方行走时保持较好的抓地力，避免出现滑倒的情况。

有些猫咪的小肉垫摸起来比较粗糙，有些则比较细腻。这是为什么呢？猫咪肉垫的粗糙程度是由猫咪的行动力来决定的。当猫咪的行动力较差的时候，行走时就会不停地摩擦肉垫，使肉垫变得粗糙。反之，猫咪的行动力强，肉垫的摩擦减少，肉垫也就会细腻滑嫩很多。

Tips:

并不是所有猫咪都有出色的运动能力。布偶猫因为性格温柔，不喜欢跑跑跳跳；波斯猫特别喜欢睡觉和吃东西，运动量自然就会大打折扣。

强大的平衡能力

猫咪在陡峭的墙壁、栏杆上能无比自如地走来走去，像技艺高超的杂技大师。猫咪对于自己强大的平衡能力完全习以为常，这种平衡能力是猫咪的尾巴和大脑中前庭器官相互配合而形成的。

🐟 猫咪的尾巴

猫咪的尾巴能灵活摆动，也能做一些细微的动作，这是由猫咪尾巴的特殊结构决定的。猫咪的尾巴里有 3 ~ 28 块尾椎骨以及多块肌肉，每节尾椎骨之间有较大的间隔。在肌肉和韧带的配合下，猫咪的尾巴能做出很多灵活的动作，也能帮助猫咪保持自身的平衡，尤其是从高处落下时，尾巴就是猫咪身体的"平衡器"，让猫咪能够安全落地。当猫咪在高处行走或跳下时，尾巴会竖得笔直，一边感知掉落的方向一边扭动着进行调节，当觉得方向合适时就会调节身体，使身体和尾巴形成一条直线，达到平衡的作用，最后安稳落地。

🐟 强大的前庭器官

猫咪耳朵内部的前庭器官负责协调身体各个部位，以保持在不同环境下身体的平衡。比如，当猫咪从高处向下跳时，它的眼睛将看到的景物送往大脑，同时前庭器官也可以感觉到头部和身体的变化并在瞬间发出信号，使身体做好和地面接触的准备。这时猫咪的身体会做出相应变化，尾巴上翘或尽量舒展开，起到增加空气阻力和在空中协调身姿的作用。

Tips:

　　猫咪在出生后，其体内的前庭器官就已经发育成熟了。但是，它需要和猫咪的眼睛等器官配合才能发挥作用。所以，它必须等幼猫的眼睛睁开后才能大显身手。

上树容易下树难

　　猫咪有着超乎想象的运动能力，但是它们也有自己的短板：往往不能顺利地从树上爬下来。在公园里总有这样的场景：猫咪为了追逐小鸟而敏捷地爬到树上，然后就爬不下来了，只能凄惨地叫唤着向人们求助。这是为什么呢？

　　主要是猫咪的生理结构所决定的，猫咪的后肢比前肢长，而且粗壮有力，这有利于它们向前跳跃。猫咪前肢的趾甲都是向身体前方生长并向下弯曲，这便于它们捕捉猎物和跳跃时抓住固定物。所以，当它们向上爬树时，前爪能够抓住树干迅速上爬。当它们从树上往下爬的时候，如果面朝地面，它们的爪子无法紧紧地抓住树干，以致前肢力量小，每爬一步都很容易失去对身体的掌控，这时，它们臀部再向树上方后退时也很不方便。有经验的猫咪会臀部朝向地面，倒退着逐步爬下来。可见猫咪"下树"这件事，是需要技巧和经验的，铲屎官不妨训练猫咪如何从树上爬下来。

Tips：
　　每只猫咪的性格不同，就像人类一样，面对困难时，它们也会有不同的胆量。胆子大的猫咪不会考虑那么多，凭借自己的勇敢，一下子就下来了，但胆小的猫咪可不是这样了，它们只能抱着树干"喵喵"地求助。

不会咀嚼的牙齿

猫咪是肉食动物，有适合吃肉的牙齿。在刚刚出生的阶段，猫咪有 26 颗乳牙，分别是 4 颗犬齿，10 颗乳前臼齿，12 颗乳切齿。猫咪长到半岁后就会换为 30 颗恒齿，分别是 4 颗犬齿，4 颗臼齿，12 颗切齿，10 颗前臼齿。

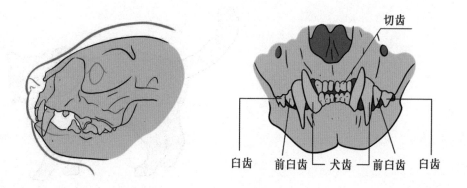

猫咪捕猎的主要的方式是寻找有利时机，然后将猎物捕捉到手，用嘴咬住猎物的脖子，同时将犬齿刺进猎物的颈椎骨连接处。猫咪的犬齿附近有很多神经，能凭借触感准确寻找到最有利的刺入部位。犬齿的作用是刺穿猎物的皮肤和肌肉，牢牢地咬住猎物，猫咪的每颗犬齿上都有纵贯整颗牙齿的血槽。它的作用是更好地咬进猎物的皮肤，并有利于释放血液。

门齿主要是将细小的肉从猎物身上或骨头上咬下来以及梳理被毛。

猫咪的臼齿和人类的臼齿有很大不同，前者有尖锐的突起，而且几乎没有平坦的牙面，主要用来切断和撕开猎物的皮肉，而不是研磨和咀嚼食物，所以猫咪的臼齿并不能咬合在一起，这种互相错开的方式使得猫咪只能吞咽，无法咀嚼。

Tips：

　　猫咪也是需要刷牙的。有研究发现，3岁以上的猫咪就会出现口腔问题，越早给猫咪刷牙，这个问题就能越早有效预防。给猫咪刷牙是一个巨大的工程，铲屎官需要先戴上布质或皮质手套抚摸猫咪的嘴部和牙齿，让猫咪适应异物的触碰。接着可以将猫用牙膏挤在手套上，轻轻摩擦猫咪的牙齿，让猫咪逐渐适应牙膏的味道。等猫咪适应后就可以换成软毛刷，来为猫咪刷牙。

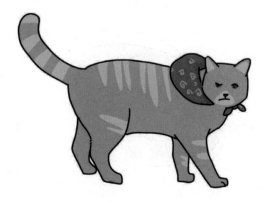

猫咪的排汗散热方式

炎热的夏季，看到"穿着毛衣"在晒太阳的猫咪，你一定非常好奇，这么热的天气，猫咪不会出汗吗？它们如何散热？如何排泄汗液呢？

猫咪全身有着密密的被毛，被毛下有一些皮脂腺，但是并无汗腺。它们的汗腺主要分布在脚底的小肉垫以及各个指甲之间的部位。当猫咪感觉到体温过高或有汗液需要排出时，就会站在比较凉爽的地方，通过脚上的小肉垫降温，并把身上的汗液排出。而且，猫咪和狗狗一样，能通过张开嘴大口呼吸和喘气将体内的热量排出。

此外，猫咪还可以通过梳理被毛使其蓬松，以便于散热。为了不中暑，猫咪会用喝水和减少运动的方式来中和体内热量。

另外，感觉到热的时候，猫咪也会把自己的小爪子伸出来摊开，将每一个指甲和指缝都张开露出来。这也是猫咪排汗散热的方法。

Tips：

当猫咪到达一个新环境或者有生人来家里时，它们也有可能因为紧张或害怕而出汗。如果这时铲屎官发现猫咪的小肉垫湿漉漉的，很可能就是因为这个原因。这时候铲屎官要及时安抚猫咪的情绪，使它逐渐安心。

Part

4

猫咪的微表情、微行为

尾巴的小动作暗示的心情

猫咪的尾巴中藏着它们的情绪密码。尾巴的不同动作和姿势，代表着猫咪不同的心情和情绪。想要跟猫咪友好相处，就一定要知道它们尾巴的秘密！

猫咪尾巴的秘密，你知道哪些呢？

🐾 尾巴向上竖立

当猫咪吃到自己喜欢的食物，会心情愉悦、直直地竖起尾巴，仿佛在说："主人你太好了，给我带来了这么美味的食物。"

🐾 尾巴放在身侧

吃饱睡足后的猫咪，常常会安静地蹲在窗前欣赏外面的景色，悠闲地享受"猫生"。这时猫咪的尾巴会很放松地盘旋在身侧，表明它现在心情很好，感到很安全，所以用最舒服、最自在的方式放置自己的尾巴。

留心观察你会发现，当猫咪静静地卧在你身边看你工作时，尾巴也是在身旁随意放着的，既没有紧贴着身体，也没有竖起来。相信你已经知道，猫咪此时的心情是放松、愉悦的。

🐾 尾巴尖向下弯曲

猫咪的尾巴还可以用来表达善意。

家中来了新的猫咪，或者在户外遇到其他小动物时，如果猫咪发现对方没有敌意，就会竖起尾巴，同时尾尖微微向下弯曲，这个动作是它们在表达友善，表示愿意与对方亲近。尾巴尖向下弯曲是为了避免对方误以为在挑衅或有敌意。

🐾 尾巴左右大幅度摆动

捕捉鸟类是猫咪的一大爱好。蹲在树下遥望高踞枝头的鸟儿，猫咪常会左右大幅度地摆动尾巴，并伴随着一两声急促的叫声。想要的东西够不着，只能眼巴巴地看着，此时猫咪的内心是焦躁、无奈的。

当猫咪想从高处跳下来时，发现高度好像超出了自己的能力范围，也会不停地左右摆动尾巴，一副焦急不安、无计可施的样子。

🐾 尾巴快速摆动

撸猫时，你是不是也遇到过这样的情况：猫咪半闭着眼睛惬意地打着呼噜，却突然猛摆几下尾巴，起身走开了。如果猫咪脾气比较暴躁，还会摆出一副要咬人的架势。对此你可能疑惑不解，猫咪这是怎么了？

其实，猫咪快速摆动尾巴是在向你表示抗议。撸猫时，如果你触碰到了猫咪不喜欢被抚摸的地方，或者你的手劲大了，都会让猫咪感到不舒服，这时它就会快速摆动尾巴来表示抗议。

当猫咪心情不好，或者不想搭理人的时候，也会快速摆动尾巴来表达情绪。猫咪摇动尾巴的力度越大，速度越快，表明它的心情越糟糕。这时，最好的应对方式是暂时置之不理，先去做自己的事情，也给猫咪一些时间来舒缓心情。稍后再回到猫咪身边，用温柔的语言和它说说话，轻轻地抚摸它的额头，安抚它的情绪。

🐾 尾巴和被毛向上直立

如果碰到让它感到愤怒的事情，猫咪会突然跳到一旁，背部弓起，向上直竖起尾巴，全身的被毛也都竖立起来，仿佛瞬间变大了一圈，喉咙里还会发出"呜呜呜"的低吼。

这是猫咪用尾巴和身体动作表示自己的愤怒，它在告诉你："不要再惹我，我非常生气，如果你敢靠近我，我就要攻击你了！"

注意，一定不要在猫咪愤怒的时候去抚摸、安慰它，这时的猫咪攻击性很强，贸然接近很可能会被抓伤、咬伤。等猫咪心情缓和后再去安慰它，抚摸它的额头，减少它内心的恐惧。

🐾 尾巴向下夹在后腿间

虽然猫咪平时看起来软萌可爱，但它们毕竟属于猫科，是捕猎型肉食动物，遵循着强者为王的自然传统，弱者会对强者表现出服从的姿态。如果你发现自己家的猫咪对其他猫咪做出尾巴向下夹到后腿中的姿态，说明它遇到了劲敌，在向对方表示顺从。

当猫咪感到恐惧时也会做出这个动作，并且会趁对方不注意时夹着尾巴悄悄溜走，一副好汉不吃眼前亏的样子。

耳朵的动作也暗藏心思

"眼观六路，耳听八方"，用这句话形容猫咪很合适。猫咪的耳朵上有 30 块肌肉，这让猫咪能够 180 度灵活地转动耳朵，识别不同方向传来的声音。而且，猫咪耳朵的动作和姿态也能反映它们的各种情绪。

🐾 耳朵向上自然舒展

猫咪有很强的领地意识，自从它来到家里，便把这里当成了自己的领地。在自己的地盘儿上，它悠游自在，不会担心有敌人伤害自己。所以你会发现，当猫咪慵懒地卧在沙发上，或者悠闲地在室内散步时，它的耳朵既不前倾也没有贴在耳后，而是呈现出很常见的自然舒展状态，这表示猫咪的内心非常放松自在。

🐾 耳朵向前倾斜

除了折耳猫等个别品种外，大多数猫咪的耳朵平时都是耳尖向上自然舒展的状态。如果你发现猫咪向你走来时耳朵向前倾，说明它此时特别快乐，想和你玩耍，甚至能接受往常不喜欢的一些事情。比如，稍微用力地捏它的耳朵。这也是铲屎官与猫咪增进感情的好机会。

🐾 耳朵向后贴向头部

猫咪遇到敌对的动物时，会变得非常愤怒，全身的毛都会竖起来，耳朵向后紧贴头部，一副随时发起进攻的架势。猫咪把耳朵贴近头部，是为了避免在打斗中伤及耳朵。

当猫咪遇到比自己强大的对手时，心里会感到害怕，你会发现此时它的耳朵向后贴着头部，四肢不安地踩着地面并缓慢后退。这也体现了猫咪聪明的一面，懂得知难而退，不吃眼前亏。

🐾 耳朵随意晃动

有时候我们会发现猫咪的耳朵会不停地随意晃动，铲屎官可能会担心猫咪是不是生病了。如果没有耳螨、炎症等病理性原因，猫咪耳朵抖动、晃动都是正常现象。

当猫咪感受到危险时精神会变得非常紧张，耳朵也会不由自主地向前快速抖动。这时主人要及时安抚猫咪，轻柔地抱起猫咪并轻缓地按摩，缓解它的紧张情绪。

另外，当猫咪的耳朵受到小飞虫骚扰，或者我们向猫咪的耳朵吹气时，它的耳朵也会快速晃动。

🐾 用耳朵表达信任

和身体的其他部位相比，猫咪的耳朵上几乎没有多少被毛，显得十分单薄，但是猫咪耳朵上有很多触觉和听觉神经，对外来的碰触十分敏感，所以，它们不会轻易让人抚摸自己的耳朵。

当猫咪向你表示信任时，会主动用耳朵来回蹭你。同时，它也通过这种方式将自己的味道留在你身上，这会让它感到更加安心。

猫咪对自己特别喜欢的东西也做"蹭耳朵"的动作。如果它经常卧在沙发上，那它十有八九会在沙发上蹭耳朵，来表现对沙发的喜爱,表示对这个休息的地方十分满意。

猫咪瞳孔的秘密

明亮有神的大眼睛，是猫咪身上最吸引人的地方，也是反映猫咪情绪的一个窗口。

🐾 随着光线不断变化的瞳孔

猫咪瞳孔的大小、形状会随着光线的变化而变化。在光线强烈的地方，猫咪的瞳孔会缩成一条竖立的细线；当光线变弱时，猫咪的瞳孔又会逐渐变大，最终变得像一颗圆圆的、光亮的弹球。这主要是由于猫咪的虹膜肌群受神经系统等的综合调控造成的。有实验发现，猫咪的瞳孔括约肌和瞳孔开大肌非常发达。进入弱光环境时，猫咪的瞳孔开大肌会迅速收缩，瞳孔随之变大，以便让更多的光线进入眼内，这也是猫咪在黑暗中也能保持视觉敏锐的原因。进入强光环境，猫咪的瞳孔括约肌会迅速收缩，变成竖直缝隙状，以减少强烈光线对视网膜的刺激。

🐾 瞳孔变化时，猫咪的心情

带猫咪去户外玩耍时，会发现待在外出包里的猫咪瞳孔会变大。一方面是因为外出包里光线较暗，猫咪的瞳孔在生理条件反射下变大；另一方面，是因为猫咪进入陌生的环境，会感到恐惧并提高警惕，瞳孔会在这种心理的影响下而变大。

当猫咪处在进攻状态时，为了更好地观察"对手"，做好随时攻击的准备，它的眼睛会睁得很圆，瞳孔也会缩成一条竖立的细线。所以，和猫咪玩耍时，如果发现它的瞳孔在缩小，铲屎官可要小心，此时猫咪可能要对你发起进攻了。

🐾 眼睛圆圆，眼神平静

吃饱喝足，闲来无事的时候，猫咪会静静地看着四周，有时会盯着眼前的某个东西看好久，甚至面对一堵白墙，它都能看得入神。此时猫咪的眼睛是圆圆的，眼神平静、自然，这表明猫咪的精神很放松，周围的环境让它感到安全。

从猫咪的睡姿看它与铲屎官的关系

　　猫咪的睡姿可谓五花八门，比如，四仰八叉地睡、把头埋起来睡、抱着腿睡，每只猫咪都有自己习惯的睡姿。猫咪睡觉的地方往往也出人意料，衣柜、置物架、纸箱、鞋子、花瓶……只要猫咪觉得舒适，任何地方都能成为它们的安乐窝。

　　猫咪的姿势可不是随心所欲摆出来的，而是跟当下的环境和对主人的信任程度有关。

🐾 缩成一团

　　猫咪是一种特别敏感的动物，无论在家里还是户外，总会保持足够的警惕，睡觉时也不例外。如果猫咪对身边的环境不放心，它会在睡觉时也保持警惕、戒备，把身体蜷成一团，头尾相接，把最脆弱敏感的肚皮藏起来，看上去像一堆毛线团。

　　你也许觉得猫咪睡得非常安稳，其实它并没有进入深度睡眠，而是边休息边警惕着周围的动静。铲屎官想和猫咪套近乎，获得它的信任，可千万不要在这时去抚摸猫咪，否则它不仅不会和你更亲近，还会对你产生戒备心。

🐾 侧卧的睡姿

当家里都是熟悉的家人时，猫咪会有较强的安全感，睡觉也会比较放松。这时猫咪侧躺在沙发或猫窝中，四肢伸展向身体一侧，一半肚皮露在外面。这种睡姿代表猫咪对当下的环境比较放心，你在家里走动或者聊天，都不会影响它休息。

🐾 亮出肚皮的睡姿

当猫咪感觉周围的环境非常安全时，会肆无忌惮地亮出自己柔软的肚皮，把身体最脆弱的地方展示出来。如果猫咪在你面前四仰八叉地袒露着肚皮睡觉，铲屎官应该感到非常开心，因为这表明猫咪对你非常信任和依赖。

🐾 "母鸡蹲"睡姿

有时候，你可能会看到猫咪趴着身子，下巴垫在前爪上，两只前爪像是"揣着手"一样地在睡觉，这种睡姿叫作"母鸡蹲"。天气寒冷的时候，猫咪一般会这样趴着睡觉，把爪子自然地缩进温暖的脖子下面，舒适又保暖。

注意，猫咪肚子不舒服时也会出现"母鸡蹲"睡姿。铲屎官要注意观察，如果是因为生病而"母鸡蹲"，一定要及时带猫咪去看医生。

"咕噜咕噜"的猫腹语

初次听到猫咪身体里发出"咕噜咕噜"声的人，可能会以为猫咪生病了。

猫咪是一种安静的动物，一般情况下不会用粗犷狂野的叫声来表达情绪，它们会用"腹语"表达感情。

"咕噜咕噜"，好开心

撸猫的时候，猫咪趴在你的脚边或者怀里，半眯着眼睛，身体里会发出"咕噜咕噜"的声音，这是猫咪在表达自己愉悦的心情。猫咪越感到惬意、满足，发出的"咕噜咕噜"声就越大。

猫咪是怎样发出这种声音的呢？其实，这是猫咪呼吸时喉咙部位产生的一种假声带震动现象。从出生起，猫咪就会发出这种声音，来表达自己愉快的心情。

注意，猫咪受伤或生病时，也会发出类似的"咕噜"声，不过声音会更加低沉。铲屎官要勤于观察猫咪的身体状况，辨别"咕噜"声的内涵，如果发现猫咪身体有异样，要及时带它们去看医生。

"呲呲"，受到了威胁

猫咪在遇到陌生人或比自己凶猛的动物时，如果感觉对方威胁到了自己，会瞬间变成一只"愤怒的小猫"，嘴中发出"呼呼"的声音。这是猫咪在警告对方："我非常生气，如果你再靠近一步，我就不客气了！"

当猫咪发现对方比自己强大得多时，会变得极度愤怒，发出的"呼呼"声中还会带有"呲呲"的声音。猫咪通过这种"加强版"的声音来威胁对方，并不停地观察周围的环境，以便寻找合适的机会，赶快逃跑。

🐾 猫咪发情时的叫声

出生后 6~8 个月左右，猫咪便达到了性成熟，在生理机能的驱使下会萌发出寻找爱情的冲动。

猫咪发情时的叫声和以往截然不同。

雌性猫咪发情时会发出"嗷呜嗷呜"的叫声，类似婴儿啼哭，声音响亮，持续时间长。它们经常在夜晚发出这种叫声来吸引雄性猫咪。

雄性猫咪发情时的叫声比较含蓄，声音低沉持续且带有一些颤音，有些像男低音歌手。

当猫咪发情时，你可以帮它寻找一只配偶；也可以带它去宠物医院，咨询医生是否需要给猫咪做绝育手术或用药物干预。

猫咪躲在床下不肯出来

你的猫咪害怕陌生人吗？家里来客人时，猫咪是不是会飞快地躲到床下，怎么引诱都不出来？

猫咪不愿与陌生人接触的性格是与生俱来的。尤其是家养的猫咪，一直生活在固定、熟悉的环境中，认为家里的每个角落都是自己的地盘儿，当陌生人进入它们的领地，猫咪的警觉性会变得很高，并产生强烈的不安和恐惧感。所以，它们远远地躲开，坚决"不和陌生人说话"。

即便看到主人和陌生人谈笑风生，发现来客没有敌意后，猫咪仍然会躲在自认为安全、隐秘的角落，悄悄观察陌生人的一举一动。

这时，铲屎官不要强行将猫咪抱出来，只需若无其事地继续和客人聊天就好。当猫咪的戒备心降低后，会主动走出来的。如果客人也是一位喜欢猫咪的人，可以让客人向猫咪投喂它爱吃的东西，来表达善意。在给猫咪喂食的同时，轻轻抚摸它的额头、背部。如果猫咪没有反抗，就可以和它有更多的互动。有铲屎官在身旁"护驾"，加上美食的贿赂，猫咪便很容易和客人熟络起来。

为什么猫总喜欢待在高处？

猫咪喜欢在高处游走，家里的柜子再高也无法阻挡一只猫咪的飞跃，猫咪的这种"高冷"行为有时是习性使然，有时源于敏感警惕的本性。

🐾 天生捕猎的习性

猫咪是肉食性捕猎动物，灵巧的身形、强大的爆发力、飞檐走壁的技能是它们在长期进化过程中遗传下来的野外生存技能。身在高处观察周围环境，躲避敌人、发现猎物，也是猫咪在进化中练就的生存绝招之一。

在居家环境中，虽然不必捕猎和躲避敌人，但这种生存本能一直遗传下来，成了一种行为习惯。

🐾 有利于保证自己的安全

猫咪和其他动物相比个头较小，在野外生存中体力上并不占优势，但聪明的它们懂得借助外部环境优势，选择在高高的树枝上栖息，这样便能在很大程度上避免天敌和其他突如其来的危险，保证自身安全。

家里来了陌生人，猫咪感到恐惧，会躲在床下，但有时它们也会出于本能，跳到高高的衣柜顶上，利用地理优势来保护自己。

展示自己在群体中的地位

虽然猫咪喜欢独来独往，但它们在户外生存时仍然会形成比较松散的群体，群体中会有一只强壮的猫咪担任首领。猫咪首领经常蹲在高处，以展示自己的权威和高高在上的地位。其他猫咪也会对其表示顺从和尊重，而选择在较低的地方卧着。家养的猫咪也保留了这个习性。在它们心中，主人的地位是高于自己的，但是主人从来不会站在柜顶或冰箱上，猫咪占据这些高位，是为了满足自己小小虚荣心，过一把当首领的瘾。

表示讨厌铲屎官的某些行为

有时，铲屎官撸猫的动作或者触碰的位置会让猫咪感到不舒服，猫咪心里清楚主人不是它的敌人，所以不会做出攻击的行为，但为了躲避连撸猫这点小事儿都做不好的"愚笨"铲屎官，猫咪会选择跳到高处去躲清净。

猫咪怕冷吗？

除了无毛猫等个别品种外，猫咪身上都长着厚厚的被毛，有的长毛猫身上的被毛更是浓密得像穿了一身高贵的皮草，如此全身"武装"的猫咪，会怕冷吗？

浓密的被毛能够抵御严寒吗？

猫咪的体温比人类稍高一点，在 38.5℃ ~ 39.2℃ 之间，但它们的被毛只有长毛和绒毛两种，这种被毛构成有利于散热，但缺乏保暖性。在寒冷的季节，猫咪的被毛显然是难以抵御严寒，特别是幼猫和年老体弱的猫咪，对寒冷气候的抵御能力更差。这也是为什么每到冬天总会有很多流浪猫被冻死的原因。

另外，猫咪体型瘦小，体内的脂肪较少，也不利于它们抵御寒冷的气候。

猫咪怕冷时的表现

猫咪会比人类更快地感知到气温的变化。在夏天，猫咪喜欢把爪子放在凉凉的地面上；天冷时，它们蹲卧时会把前爪向后折叠藏在肚子下边，这是因为猫咪爪子上的肉垫是散热的好工具，但不利于保暖，它们的爪子很容易感觉到温度的降低，所以会把爪子藏在温暖的肚子下面保暖。

每个铲屎官的被窝里都有一个小可爱。当天气变凉，猫咪身上的被毛也会变得更厚，但这也难抵寒冷的气温，所以，它们会钻进铲屎官的被子里，或者缩在沙发的角落里取暖。另外，暖气管旁边、冰箱顶部等温度较高的地方，也都是猫咪喜欢的位置。

🐾 铲屎官应该如何帮助猫咪抵御寒冷

天气变冷后，多给猫咪喂食一些高热量食物，增加它体内的脂肪量，有助于帮助猫咪提高抗寒能力。

给猫咪饮用 30℃左右的温水，这样不仅可以避免猫咪身体热量流失，还能避免其因冷食产生肠胃问题。

为猫咪准备一个保暖性好的猫窝。一般面料柔软厚实的猫窝保暖性会更好，如果条件允许，铲屎官最好亲自摸一摸，感受猫窝的厚度和柔软度，还要注意猫窝的制作材料，不要选择容易起静电的猫窝，以免猫咪出现"炸毛"的情况。

提高室内的温度。在北方，到了供暖季，室内的温度会很舒适，猫咪也就不怕冷了。在南方的秋冬季节，或者北方供暖前和停暖后较冷的日子里，可以多开空调制暖，或者给猫咪准备一个带有断电保护功能的猫咪专用电热毯。

注意，最好选择具有高温自动断电功能和防咬线管的猫咪专用电热毯，这样猫咪就能安全地享受温暖啦。

猫咪为什么整天睡觉？

猫咪是夜行动物，它们的作息和人类相反，基本上白天在呼呼大睡，夜深人静时外出活动觅食。猫咪的睡眠时间长达 16 ～ 20 小时，甚至更多。所以，基本上你每天下班回家时，猫咪会醒来迎接你，和你玩耍一会儿，吃点东西，其他时间它们都在睡觉。

你是不是也会好奇：猫咪为什么整天都在睡觉？

🐾 狩猎习性所致

猫咪在野外生存时，要随时准备好应对各种凶兽，为了填饱肚皮，还要追捕猎物。捕猎并不是件容易的事，猫咪经常要与猎物进行耐心的较量，有时会等上大半天或一天的时间，猎物才会出现。猫咪很聪明，在漫长的蹲守中，它们不会一直保持全身紧张的状态，而是用"睁一会儿眼、闭一会儿眼"的睡觉习惯来养精蓄锐，看似在休憩实际上各种感官都保持警觉，一旦发觉猎物出现，立刻进入追捕状态。

无论是逃避敌人还是出击捕猎，都会耗费大量的体力，猫咪为了补充体力、养足精神，需要长时间的睡眠。为此，它们养成了随时随地睡觉的习性，并且可以持续睡很久。

🐾 猫咪独特的睡觉方式

据调查，虽然猫咪每天睡觉的时间一般在 16 个小时以上，但其中只有四五个小时是深度睡眠，其余时间都是浅睡。也就是说，猫咪真正完全放松的时间并不长。浅睡时，周围稍微有点动静，猫咪就会警觉地睁开眼睛查看一番。如果你发现猫咪睡觉的时候眼球经常转动，这表示它们此时正处于浅睡眠状态。有时，猫咪还会全身猛然抖动一下，把自己惊醒。

盒子放久了会长猫?

　　猫咪钻纸箱的技能一流，它们对纸箱和
狭小密闭空间的钟爱绝不亚于对美食的热爱。
猫咪这种奇怪的爱好从何而来呢?

🐾 遗传下来的生活方式

　　猫咪在大自然中生活时，为了保护自己，
会寻找一些隐秘的树洞、山洞藏身。它们身
材小巧，身体灵活，能够轻松地钻进去。而狼、
野狗、狐狸等猫咪的天敌受身型的限制，都
无法进入狭窄洞穴。这种生存智慧一代代遗传下来，演化成如今猫咪的"钻箱"本能，
以及寻找狭小空间的习惯。家里没有山洞、树洞，所以，那些废弃的袋子、箱子就成
了猫咪怀念山洞的替代品。

🐾 幼猫时的生活氛围

　　猫咪出生后和兄弟姐妹一起躺在母猫的怀里，在狭小的猫窝里生活，这种拥挤温
暖的环境给它们留下了深刻的记忆。长大后独自生活，这种幼时的记忆使得猫咪依然
非常喜欢狭小拥挤的感觉，于是便在纸箱子、花瓶等狭小的空间里重温当初的感觉。
在这些狭小的空间里玩耍或休憩，猫咪能够更好地放松，心理压力也会得到缓解。

🐾 更安全的游戏空间

纸箱对猫咪来说是很好的游戏空间，私密又安全。

纸箱里有限的空间能够让猫咪获得很大的安全感。纸箱就像猫咪专属的游戏房，在扑爬、钻进、钻出中，猫咪在纸箱里留下自己的气味，这会让它感到熟悉、安全。另外，纸箱易抓易撕的特性，也方便猫咪的啃咬游戏和磨爪子，自然成为它们钟爱的事物之一。

猫咪为什么离家出走

猫咪看上去乖巧伶俐，其实也有自己的小心思，有时还会做些出人意料的行为。比如，有的猫咪会离家出走，铲屎官要花费好多时间去寻找它们，有时能幸运地找到，有时猫咪会自己回家，但有时它们就永远不回来了。猫咪为什么会有这种行为呢？

🐾 猫咪到了发情期

成年猫咪每年都有发情期。在发情期，没有做过绝育手术的猫咪会坐立不安，想方设法从家中逃出去寻找爱情。这种情况下，大多数猫咪的外出时间较短暂，在寻找到爱情后就会乖乖地回到家中，也有少部分猫咪会被伴侣深深吸引而不再回家，开始了"为爱闯天涯"的生活。

所以，在猫咪发情期之前，铲屎官最好找到相应的解决方法，或者事先给它们找一个伴侣，以免猫咪"被爱情冲昏了头"，离家出走不再回来了。

🐾 搬家后猫咪不适应新的环境

猫咪对生活环境的要求颇高，当它们习惯了已有的生活环境，会对新家产生较强的排斥感。比如，新家的气味与原有家中的气味截然不同，这会让猫咪产生强烈的不安全感，进而抵触在新环境中生活。情况严重时，它们会寻机逃离新家，返回原来的家中，或者在户外漫无目的地游荡。

所以，铲屎官要在搬家前做好猫咪的心理辅导工作。比如，多带猫咪到新家逛一逛，让它熟悉新的环境并留下自己的气味；搬家后尽量保留猫咪原有的用具，并多陪它玩耍，逗它开心，可以大幅度减少猫咪对新环境的抵触感。

🐾 猫咪感到受冷落而赌气离家出走

猫咪是非常敏感的动物。它们依赖主人，生怕自己在主人面前失宠，还常常为此耍点小脾气。如果家中有多只宠物，或者主人有了孩子后，主人关注的重心会放在孩子身上，猫咪会认为自己受到冷落而闷闷不乐。一些冲动的猫咪可能会寻找时机离家出走，去户外散心或者游玩。

所以，当家中增加新成员时要记得一定不能冷落猫咪，每天尽量抽出时间陪陪它，它很快就会忘掉心中的不快，重新变回主人身边的乖乖猫。

🐾 有的猫咪天生不喜欢被约束

有的猫咪喜欢在家中和主人做伴，享受惬意的居家生活。有的猫咪天性活泼，有很强的野外生存能力，总是向往多姿多彩的户外活动。

如果你有一只天生爱自由的猫咪，最好对它采取半散养的方式。这种猫咪的优势是独立性较强，能很快适应户外的生存条件，也能比较准确地记住回家的路线。如果你家中有小院，会非常适合它们的生活习惯。如果你住在社区的高层住宅中，由于楼层之间相识度很高，且无法独自乘坐电梯，猫咪跑到户外很有可能出现找不到家的情况。

对于不喜欢被约束的猫咪，铲屎官可以采取以下饲养方式，来满足猫咪户外玩耍的需求。一是经常带猫咪出门散步玩耍，让它熟悉自己家附近的地理环境和行走路线。如果是居住在高层住宅楼中，陪同猫咪出门时最好走楼梯，而不要乘坐电梯，这有利于猫咪记住回家的路线。二是在家中为猫咪布置符合它玩耍需求的活动空间，尽量让它在室内消耗掉多余的精力，这也能减少其逃离家庭的情况出现。

🐾 "我的地盘我负责"

如果家里有院子，猫咪会把院子及附近的地方视为自己的领地。它每隔一段时间就要在领地上巡逻视察，看看有没有其他同类经过，也看看领地内是否出现对自己有威胁的动物和人。

这时的"巡逻猫"有些像巡山的老虎，它们敬业而认真，时而一边走一边低头细嗅地上的气味，时而跃上墙头观察四周的情况。猫咪在领地内巡视几圈，确认安全后，才会轻松地回家睡大觉。

🐾 "好奇害死猫"

猫咪天生有强烈的好奇心，对新鲜事物充满探索的欲望。它们会趁主人不注意时溜出家门，去了解附近的环境。对于猫咪来说，仅仅熟悉自己居住的家庭、确保家中是安全的还不够，它们还想知道附近的一草一木，了解周围是否有自己的天敌或猎物存在。但是，居民社区内建筑多且人员复杂，车流量大，猫咪在出门后常常会因为受到惊吓躲藏起来，甚至忘记回家的路。如果它们没有回忆起回家的路线，或者没有被找到，就可能会成为可怜的流浪猫。所以，铲屎官一定要注意看护好猫咪。

🐾 年老猫咪离开人世的方式

在乡村，猫咪多处于半放养状态，生活自由，但它们很少离家去比较远的地方玩耍。一般猫咪在年老后很少出门，但当它感到自己将要离开这个世界时，会悄悄地离开家，孤身走到遥远而隐秘的地方，静静地等待死神降临。所以，当你的猫咪年龄较大时，要尽可能地照料它的生活，多多地陪伴它。

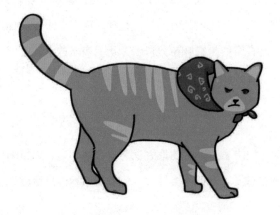

猫咪为什么喜欢滚来滚去

有时候猫咪会在地上滚来滚去的，它们是怎么了呢？

撒娇卖萌的方式

当猫咪在地上打滚，尤其是在主人身边打滚时，很可能是在向主人撒娇卖萌。它们用这种方式吸引主人的注意力，有时候甚至边打滚边把肚皮露出来，期望得到主人的抚摸和陪伴。这时，猫咪通常还会发出"咕噜咕噜"声，表示它的心情很愉悦。

皮肤瘙痒

当猫咪感觉身上痒的时候也会不停地打滚，以此来瘙痒感。所以，发现猫咪打滚，主人要多留意猫咪的状态，必要时检查一下猫咪的被毛，看看是否有跳蚤，或者皮肤炎症、猫癣等。一旦发现疑似情况，要尽快带猫咪去看医生。

发情期的表现

猫咪发情时也喜欢在地上滚来滚去。除此之外，还有一些其他表现，比如，公猫会到处撒尿，母猫会踩奶、翘尾巴、不停喵叫，等等。

5

猫咪那些让人头疼的行为

咬人，把你的手当玩具？

扑、抓、撕、咬是猫咪的天性，铲屎官与猫咪玩耍时被抓伤、咬伤是很常见的。猫咪可能是把你的逗引行为当成了一种挑战，认为这是在和你玩捕猎游戏。

在玩耍时本能地撕咬

猫咪非常喜欢和主人一起玩耍，用两只前爪和嘴与主人的逗引动作配合，比如，扑向逗猫棒或者抱住主人的手玩耍。

当猫咪将对待玩具的方式用在你的手和胳膊上时，在它看来这仍然是在和你玩耍。但每只猫咪玩耍时动作的用力程度不同，有些猫咪只是轻柔地撕咬，也有的猫咪不懂分寸，会把人抓伤、咬伤，甚至需要去医院打狂犬疫苗。

铲屎官在和猫咪玩耍时要把握好分寸，不要任由猫咪为所欲为，发现猫咪行为"过激"要及时制止，否则，一旦养成不好的习惯就很难改掉了。

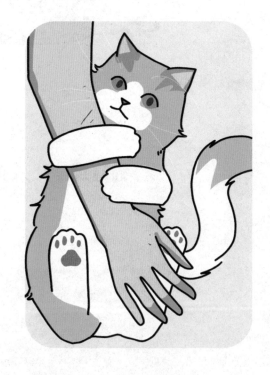

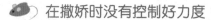 在撒娇时没有控制好力度

猫咪是最会撒娇卖萌的动物，但也会有卖萌失败的时候。有的猫咪围着主人卖萌求玩耍没得到回应时，就会轻轻咬主人的裤脚或手。这时如果它没有控制好下嘴的力道，就会在无意中伤到主人。随着主人的惊叫，猫咪也会受惊跳到一旁，瞪着大眼睛很无辜地看着你。

别把你的手当成玩具

有时候主人会用手指逗弄猫咪，猫咪在撒娇、游戏中自然而然地把主人的手当成玩具或攻击对象，又抓又咬。所以，在逗猫咪的时候一定要选择合适的玩具，不要直接把手指或者身体其他部位当成逗猫工具，以免被抓伤咬伤。

如何避免被猫咪咬伤

虽然猫咪都很聪明，但它的智商毕竟有限，且具有动物的兽性。所以，铲屎官在照料好猫咪的同时，也要有安全意识，避免被猫咪咬伤。

轻声喝止。当猫咪出现咬人现象时，主人一定要及时制止，比如，轻声喝止。当猫咪刚出现咬人现象时，不要大声训斥它。虽然大声训斥可以很快制止猫咪的行为，但也会让猫咪对主人产生恐惧。所以，要轻声制止和不理睬它，这样，猫咪就知道它咬人的时候，主人会不高兴、不陪它玩。如果这种方法无效，主人再考虑采取严厉一些的制止方法，比如，大声训斥、喷水制止等。

不和猫咪做危险的互动游戏。如果主人和猫咪的游戏中含有危险动作，猫咪也很容易误伤主人。比如，将手指放在猫咪的嘴边逗引它，或者将猫咪放在肩上，猫咪为了保持平衡，会紧紧地抓住你的肩膀，就容易把你抓伤。

让猫咪知道哪些行为不能做。日常生活中，主人要及时制止猫咪的一些不良行为，比如，玩耍时非常用力地撕咬玩具。当这种习惯养成后，猫咪有时也会把你的手当成玩具使劲儿撕咬。当猫咪做这些动作时，主人要及时用语言和行为让猫咪知道不能用这种方式和人互动。重复几次后，猫咪就会知道这些行为是被禁止的，会尝试用其他方式与主人沟通、互动。

躲在暗处"偷袭"人

有的猫咪非常活泼，能和一个小纸团玩上半天，也喜欢和主人做互动游戏，比如，躲在暗处"偷袭"主人。

🐭 猫咪为什么会"偷袭"人？

猫咪"偷袭"其实是将它捕猎的本能用到了游戏中，在邀请同伴、主人玩耍的一种行为。尤其当你因忙碌而忽略了猫咪时，它会主动跑来邀请你一起玩耍。具体表现是躲在一旁，当你经过时突然扑过来，轻轻拍一下你的裤脚，跑开几步，再回头看看你。这时你可以放下手头的事情陪它玩耍一会儿。

🐭 不要总是接受猫咪的"邀请"

如果主人在受到猫咪的邀请时，总会停下手里的事情和它玩耍，那么，以后它就会经常用这种方式向你发出邀请。比如，你正在睡觉时，猫咪会突然扑出来咬你一口。如果你没有反应，它会再咬一口，直到把你咬醒，起来和它玩耍。因此，不要总是接受猫咪的"邀请"，可以在猫咪进入家庭的初期就立下规矩，让它明白这种搞偷袭来邀请主人的玩耍方式是无效的。

🐭 如何拒绝猫咪的"邀请"

当猫咪突然扑过来邀请你一起玩耍时，你不要做出任何反应。好奇心强的猫咪过一会儿会再次用这种方式邀请你，这时，你仍然不要做出任何反应。如此几次后，猫咪就会失去兴趣，自己玩其他的东西。

需要注意的是，被猫咪"偷袭"时不要生气，更不要拿起手边东西作势教训它，因为，在猫咪眼中，你的这些行为不是在惩罚它而是在和它做游戏。也不宜大声呵斥或揍它，毕竟这是猫咪在向你表达友善，过度反应会让它迷惑，甚至产生不愉快的情绪，影响猫咪对你的信任。

在餐桌上大摇大摆地行走

　　猫咪的好奇心非常强，模仿能力也很优秀，经常对主人做的事情充满兴趣。在猫咪眼中，主人是自己最亲密的伙伴，当主人吃饭时，它们也想尝尝主人爱吃的东西，所以跳上餐桌，想和主人一起享用美食。

　　遇到这种情况，有的主人会大声呵斥猫咪，有的主人会用小木棍轻轻地敲打猫咪几下，还有的主人会在就餐时把猫咪关进笼子，而猫咪则会大声叫唤，拼命抓挠笼子来表达自己的不满。

　　为了避免猫咪爱跳上餐桌的情况，铲屎官应尽早给它立下规矩，让它养成不上餐桌的好习惯。

从小养成不上餐桌的习惯

培养猫咪的好习惯越早越好。把猫咪抱回家后，要让它知道食盆、水盆在什么地方，而且不要把它抱在餐桌旁喂东西，更不要在吃饭时把它放到餐桌上或者抱在怀里。猫咪一旦形成"要和主人一起吃饭"的想法，再改变就会很难。

另外，第一次看到猫咪跳上餐桌时要及时制止它，这样几次后，幼猫就知道自己这种行为是被禁止的了。

用坚决的态度告诉猫咪不能这么做

如果成年的猫咪还是喜欢跳上餐桌和主人一同就餐，那你要用坚决的态度让它知道不能这样做。你可以表情严肃地看着猫咪说："马上下去。"同时要配合相应的手势以增强威慑力，比如，拎起后脖颈将它放到地上。

利用猫咪的好奇心打消其上餐桌的想法

猫咪是很挑食的家伙，对很多食物都会先闻一闻，再伸出舌头舔两下，如果不可口就会拒绝食用。我们可以利用猫咪的这个特点打消它上餐桌的想法。在饭菜摆上餐桌后，给猫咪闻它不喜欢的食物，比如，辣椒、洋葱等。当猫咪发现桌上的食物是自己讨厌的味道时，就会甩甩尾巴跳下桌了。如此几次后，猫咪就会形成条件反射，对主人的饭菜不再感兴趣。

转移猫咪参与主人就餐的兴趣

有的猫咪胃口很好，对主人爱吃的东西常常来者不拒。对这样的另类猫咪，可以采取转移注意力的方式来减少它跳上餐桌的次数。

具体做法：找一个小号的塑料瓶或者乒乓球，在其表面钻几个小洞，洞口要比猫粮颗粒稍微大一些，这样便做成了一个"猫咪缓食器"。把一些猫粮或猫咪喜欢吃的食物放进猫咪缓食器，当我们吃饭的时候，把缓食器放在离餐桌比较远的地方，并吸引猫咪去就食，猫咪得费些时间才能把缓食器中的食物弄出来，而且这种缓食器也是一种很有趣的玩具，可以很好地转移猫咪对餐桌的注意力。

在房间的角落里排泄

如果做一个宠物"爱清洁排行榜"，位居榜首的一定非猫咪莫属。

猫咪出生后会从母猫那里学到很多清洁技能，比如，梳理自己的被毛、去猫砂盆里排泄。断奶后猫咪就能独立生活了，新的主人也不用为猫咪的排泄习惯问题操心。但凡事总有例外，有些主人会发现猫咪突然开始在猫砂盆之外的地方大小便，把屋子里弄得臭烘烘。这到底是怎么回事呢？

🐭 猫咪认为其他地方比猫砂盆更干净卫生

如果铲屎官没有及时清理猫砂盆，猫咪会觉得猫砂盆不干净而拒绝在其中大小便，忍无可忍时便会选择在家中其他干净的地方上厕所，沙发、墙角，甚至床上都有可能成为它新的如厕地点。

铲屎官清理猫砂盆后，猫咪会重新选择在猫砂盆里如厕。所以，一定要及时清理猫砂盆，以免猫咪随地大小便。

🐭 猫咪的心理压力大

一般情况下，猫咪的忍耐力和心理承受能力都比较强。但如果受到过于严厉的打骂，猫咪会感到非常惊恐、焦虑，对生活环境产生强烈的不安全感，从而躲进角落并在里面大小便。这是猫咪遇到强烈刺激时的应激反应。

当家里来了其他可能对猫咪产生威胁的动物，猫咪也会选择长时间躲藏在角落并在里面大小便。

所以，当猫咪犯错的时候，铲屎官不要过于严厉的打骂它们，适度批评猫咪并及时给予抚慰，让它感觉到主人依然是爱自己的，是自己最可靠的后盾，这样它才会心甘情愿地听从命令，遵守规矩。

当家中来了新宠物，或者朋友家的宠物来家里时，要尽量减少新宠物和猫咪的直接接触，并适当限制新宠物在家里的活动，给猫咪适应新状况的时间，并给予猫咪充分的抚慰，让它感觉到主人对它爱和关注一如既往。

🐾 猫咪身体不舒服

如果猫咪一直在猫砂盆里大小便，忽然有几天一反常态地在室内大小便。铲屎官要注意观察猫咪是否身体不适，比如，是否得了肠胃疾病、感冒等等。一般来说，如果猫咪的便便不成形状，而且出现在猫砂盆之外的地方时，很可能是猫咪生病了，要及时带它去宠物医院就诊。

猫咪半夜上蹿下跳

喵星人能给主人带来很多乐趣，偶尔也会制造一些小麻烦，比如，猫咪经常在半夜活动，上蹿下跳十分活跃，很让人头痛。

猫咪为什么有这种行为呢？

昼伏夜出是猫咪的生活习性。每到晚上，它们似乎有用不完的精力，一个小纸团、空易拉罐，它们都能开心地玩很久。凌晨通常是猫咪精神兴奋的时刻，它们会在屋子里跑来跑去，甚至想把主人叫起来一起玩耍。这种行为习惯是猫咪世代遗传下来的，很难彻底改变。

🐭 晚上多陪猫咪玩一会

猫咪常常是独自待在家里，所以很渴望主人能多陪陪自己。但很多铲屎官下班回家后，只陪猫咪玩一会儿就要做自己的事情，或上床休息了。晚上，精神抖擞的猫咪看到呼呼大睡的主人，就想把它叫起来陪自己玩耍。这时，猫咪通常会趴在主人耳边叫几声，如果主人没有反应，它过一会儿就再叫几声。

为了减少猫咪在深夜的兴奋程度，晚上休息前，主人可以多陪它玩一会儿，既满足它的情感需求，又增加了它的运动量，使它消耗了体力。这样，猫咪半夜打扰主人的次数会少很多。

🐭 让猫咪明白不能打搅主人休息

当猫咪在凌晨亢奋地来回奔跑时，主人应及时喝止它，用严厉的语言和表情让它知道不能在这时撒欢。多次后，猫咪就知道不能在这个时间随意折腾了。

很多主人因为过于宠爱猫咪而允许它自由出入卧室，甚至晚上和猫咪一起睡觉。这样猫咪晚上就很容易打扰主人休息。所以，主人最好根据实际情况给猫咪立下规矩：禁止进卧室、不允许上床等。

增加猫咪白天的运动量

如果猫咪晚上精力充沛，自然会使劲儿折腾主人。所以，如果白天能够充分调动起猫咪玩耍、活动的兴趣，让它在大量的运动中消耗掉体力，这样晚上它就能安分很多。

让猫咪和主人保持相同的作息规律

猫咪昼伏夜出的作息习惯和人类截然相反，这自然很容易给主人的生活带来不少麻烦。我们可以想办法改变猫咪的生活规律，延长它晚上休息的时间。

幼猫时期是改变猫咪作息规律的最佳时间。比如，白天尽量让猫咪少睡觉，晚上让猫咪和我们同时休息；半夜，要安抚睡醒的猫咪，让它继续入睡；早晨我们起床时，也把猫咪叫醒。这样一段时间后，猫咪就会大致适应主人的作息规律了。

如果你家的猫咪已经是成年猫了，那就要花费更多的时间和精力来培养它的作息规律。起初，主人可以抽时间多陪猫咪玩耍，比如，晚上睡觉前带着猫咪做游戏，通过玩耍让猫咪消耗大量精力。到了晚上主人休息时，猫咪也会非常疲惫而更容易入眠休息。如此几天后，猫咪的作息习惯也会有所改变。

用爪子抓挠地毯沙发

自从养了猫咪，家里的柜子、地毯、沙发等地方经常会发现它的爪印。猫咪这种爱抓挠行为的背后也是有原因的。

一是练爪子。狩猎、爬树是猫咪的生存本能，爪子是它们在自然界中求生的利器，必须保持锋利，并需要经常锻炼它们的"猫爪功"。每当猫咪感觉需要磨爪子的时候，就会在身边的物品上开始抓挠。在它们眼里，无论多高档的沙发，都和自己的猫抓板没有什么区别，只要能磨爪子就行。

二是宣示主权。猫咪通过抓挠的方式在物品上留下自己的痕迹和气味，以此向其他同类宣示：这里是我的领地，你们不要抢占噢。

那么，有什么方法能够解决猫咪乱抓乱挠的问题呢？

在家里多放置猫抓板和猫爬架

为了保护家具物品，铲屎官可以在家里放一些专门的猫爪板供猫咪磨爪子用。猫抓板的数量、放置的位置视猫咪的抓挠习惯而定，最好是在柜子、沙发等猫咪经常抓挠的地方都放上一个猫抓板。

可以选择多种样式的猫抓板，平板式的可以让猫咪竖起身体练爪子，圆柱形的可以让猫咪像抱着大树一样抱着它磨爪子。多种多样的猫爪板更能激起猫咪玩耍的兴趣，有了这些好玩的磨爪新器具，猫咪就很容易放弃在家具上抓挠了。

除了猫抓板，还可以为猫咪准备猫爬架。猫爬架能上下攀爬、跳跃，还可供抓咬、休息，堪称猫咪的专属游乐场，也能在很大程度上转移猫咪对家具的"偏爱"。

及时阻止猫咪的破坏行为

有的猫咪在抓挠地毯或家具时，会转身看看主人什么反应。如果主人视若不见，它就大胆地继续，如果主人用严厉的语气阻止，它就会停止抓挠。所以，发现猫咪抓挠家具、地毯时，要及时制止，并引导它到猫抓板上去抓挠。

在禁止区域喷洒猫咪讨厌的气味

将一些对猫咪无害而又令它讨厌的气味喷洒在沙发、地毯、柜门等猫咪容易抓挠的地方。当猫咪要伸手"作案"时闻到这些刺鼻的气味，就会厌恶地走开，转身去找它的猫爪板了。

塑料袋、卫生纸、衣服通通都咬碎

我们都知道哈士奇堪称"破坏之王"，其实很多猫咪的破坏力也非常惊人，家里的卫生纸、塑料袋、数据线、头绳，甚至衣服、鞋子都经常被它咬烂。猫咪为什么会有这样的行为呢？这是出于它们喜欢捕猎、抓挠的本能吗？

猫咪换牙期的不适感所致

猫咪4~6个月的时候口中的乳牙会逐渐脱换为恒齿。这段时期，猫咪的口中会有痒、酸、痛等很多不适感。回忆一下你牙疼时的情景，是不是也无奈地抓耳挠腮，恨不得把牙齿掰下来。猫咪通过用牙齿来撕咬东西来缓解换牙期口中的不适感。卫生纸、衣服等物品柔软又有韧性，自然成了它磨牙的首选对象。

如果你的猫咪正处于换牙期，要多关注它的换牙情况，买一些磨牙棒、口咬胶等磨牙用具，帮助猫咪缓解换牙时的不适感。过了这段时期，猫咪胡乱撕咬的情况就会大为改善。

猫咪在发泄孤独或练习搏斗

猫咪独自在家时也会有孤独感和心理压力，常常会通过撕咬东西来缓解这种负面情绪。另外，猫咪长期和人生活在一起，没有捕猎以及与天敌交手的机会，所以会把家中的物品当作猎物或敌人，练习捕猎和搏斗技巧。

所以，铲屎官可以多给猫咪备一些有趣的玩具。当猫咪的注意力和玩耍时间被有趣的玩具吸引和占据，就不会有那么强的孤独感了。另外，在条件允许的情况下，家里可

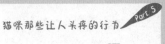
以再养一只猫咪，两只猫咪可以互相陪伴、玩耍，也能减轻猫咪的孤独感。它们还可以

互为"陪练"，练习捕猎和搏斗技巧。

独自在家时藏东西

养猫的家庭每次做大扫除都像在寻宝，你可能会在沙发下发现一些猫粮、牛肉干；也可能从床角、柜子后面扫出几个猫咪喜欢的玩具；还可能会在猫咪经常藏身的地方发现丢失已久的袜子、手套。猫咪为什么喜欢藏东西呢？

🐾 隐藏猎物的本能

猫咪的祖先在野外生存时，会把吃不完或者来不及吃的猎物拖到隐蔽的地方藏起来，比如，把猎物埋在土里、藏到窝中。这是猫咪为了生存而进化出的一种本能，体现在家猫身上就是把喜欢吃的食物、喜欢玩的东西藏在隐蔽的地方。但猫咪有时记性不好，很多东西藏起来以后就忘了。

🐾 猫咪喜欢带有主人气味的衣物

当主人经常不在家时，猫咪会有强烈的不安全感。它会把带有主人气味的衣物叼到自己的窝里以消除不安的感觉。这也算是喵星人别致的睹物思人的方式吧。对于这种情况，主人可以挑选一些自己不穿的旧衣服、毛巾等放在猫咪的窝里，给它提供安全感。

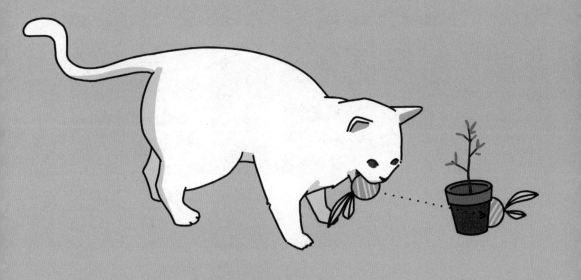

Part

6

训练猫咪，
每天十分钟就够了

这样鼓励猫咪

猫咪的自主意识很强，经常按照自己的习惯和喜好行事，对主人的命令有时听从，有时则置若罔闻。如果想让你的猫咪成为一只乖巧又听话的宠物，就要抓住它的特点，耐心训练。训练时，表扬比呵斥、惩罚更有效。你可以用以下方式表扬、鼓励猫咪。

🐾 用简短的语言表扬猫咪

猫咪能听懂主人简单的话语，比如，"真棒""真乖""你是个好猫咪"等等。你可以用高兴的语气表扬猫咪，得到主人的正面反馈猫咪也会很高兴，会更加积极地配合你。

猫咪的听觉能力很强，不仅能听到细小的声音，还能辨别出声音的位置和声调的变化。因此，主人说话时的语调对猫咪影响很大，如果用温柔的声音说话，猫咪可以辨别出这是舒服愉快的声音；如果大声呵斥，它也能从你的高嗓门里听出批评和愤怒的情绪。所以，要注意用正面、积极的语言和语调，来对猫咪进行引导训练。

🐾 表扬猫咪时要有相应的表情和动作

猫咪非常敏感并善于观察细节，你的一举一动都可能对它产生很大的影响。如果你在表扬猫咪时表情是笑眯眯的，它会感觉到温馨和愉快，也更喜欢和你亲昵。相反，如果你用凶巴巴的表情夸它，它就会感到迷惑甚至认为你在批评它。

适当给予猫咪物质奖励

美味的食物很容易调动猫咪的积极性。当猫咪听从你的训练指令做出相应的动作时，及时给予它美食作为奖励，它会更愿意配合你的训练。

从猫咪感兴趣的事情开始训练

猫咪的好奇心很强，喜欢探究新事物，也喜欢和主人一起玩新颖有趣的游戏。在训练中，可以利用猫咪好奇心强、探索欲望高的特点引导它们学习新技能。

利用猫咪喜欢玩游戏的特点进行训练

猫咪自己十分爱玩，也喜欢让主人陪它玩耍。所以，可以在和猫咪互动游戏时教它一些小技能。比如，利用猫咪喜欢追逐移动物体的特点，训练它的寻回能力。把猫咪能叼在嘴里的小玩具扔出去，同时鼓励猫咪去追，并把玩具叼回来放到你的脚边。

一开始猫咪可能不配合，需要主人多鼓励和引导。比如，主人扔出玩具后扑向玩具，给猫咪做动作示范。同时，要喊出口令，口令尽可能简单易懂且固定使用，比如，"去""追"等。

如果猫咪中途放弃，你可以拍拍它的脑袋轻声鼓励，或者陪猫咪去玩其他游戏，过一会儿再继续。如果猫咪能顺利完成这个游戏，可以给它一些物质奖励。每天这样训练几分钟，几天后，它就能熟练地掌握游戏规则和技巧了。

利用猫咪的好奇心培养它的好习惯

"好奇害死猫"是一句流传久远的西方谚语，它也从侧面反映了猫咪强烈的好奇心。你可以利用猫咪好奇心强的特点训练它不乱抓东西的习惯。

首先，准备几个不同款式的猫抓板，放在家里的不同位置，并引导猫咪去尝试。比如，把猫抓板放在猫咪跟前，主人先用手做抓挠动作，如果猫咪不理睬，可以轻轻拉着猫爪靠近猫抓板，做几次抓挠动作，然后松开手，看猫咪的表现，如果猫咪接下来主动做出抓的动作，恭喜你已经成功一半了。如果猫咪依旧对猫抓板没兴趣，你可以想办法让猫咪在猫抓板上留下自己的气味，然后再尝试让猫咪去抓，成功的可能性会大大增加。

不同的猫抓板会给猫咪带来不同的触觉感受，在好奇心的趋势下，猫咪很容易主动去体会在各种猫抓板上磨爪子的感觉，当它发现这些猫抓板各有乐趣，就会放过家中的沙发、柜子、地毯，转而在猫抓板上练爪子了。

利用猫咪捕猎的本能进行训练

猫咪在捕猎时就会变得非常专注，对于没有耐心、比较急躁的猫咪可以利用这个特点提高它的耐心。比如，在一只毛绒小老鼠玩具身上系一根长长的细绳，把小老鼠放在隐蔽的地方，轻轻拉动绳子吸引猫咪的注意，在猫咪准备扑捉小老鼠时，快速地将小老鼠收回并藏起来，让猫咪去寻找；当猫咪即将失去寻找的耐心时，再将小老鼠玩具放出来，重新吸引猫咪的注意力，如此反复可以培养猫咪的耐心。也可以用带有定时和遥控功能的玩具来代替小老鼠。

还可以利用小零食训练猫咪的嗅觉探寻能力。比如，主人把小鱼干等猫咪喜欢吃的零食放在它的嘴边，让它嗅过后，再把小零食藏在它身边的某个地方，然后主人用手指残留的食物味道引导猫咪寻找食物。当猫咪成功找到藏起来的小零食，及时给予鼓励并允许它吃掉这个奖品。在猫咪寻找的过程中，主人可以用简短的口令来引导，尽量避免长串指令。几次练习后，当猫咪能快速找到主人藏的东西后，我们就可以加大难度，把物品放得再远一些，鼓励猫咪继续寻找。一段时间后，猫咪的嗅觉探寻能力会得到很大提高。

正确利用食物奖励猫咪

在训练猫咪时，实物奖励是不可或缺的。一份对猫咪有十足诱惑力的食物能让它精神振奋，在猫咪饥饿的时候进行训练，也能提高训练的效率。那么，你知道如何正确利用食物奖励猫咪吗？

🐾 控制奖励的食物数量

猫咪的饮食习惯是少食多餐，一般情况下，一只成年猫一天能吃 50~60 克猫粮。吃饱后，猫咪会变得懒洋洋，很难再配合主人的命令活动。所以，训练时用食物奖励猫咪一定要控制好量，免得它吃饱喝足变成"懒猫"，就不再参与训练了。

一般来说，当猫咪按照指令做完一个动作后，主人奖励它三五粒猫粮即可，目的是让它在意识中建立训练与食物之间的联系，并提高训练的意愿，而不是让它吃饱。

在每天的训练中，给猫咪的食物奖励总量应控制在 10~20 克，不宜过多，以免影响猫咪正常的饮食规律。

🐾 食物奖励多样化

猫咪和人一样，常吃一种食物也会感觉到厌倦。在训练中，如果总是给猫咪同一种食物奖励，猫咪对奖励的渴求度便会逐渐下降。你可以多准备几种食物作为奖励，比如，小鱼干、牛肉干、煮熟的鸡胸肉、猫罐头等。食物奖励的多样性能给猫咪带来新鲜的感觉，提升它们的训练积极性。

另外，主人也可以根据训练的难易程度来给奖励设一个分级。比如，完成简单的训练奖励普通的猫粮；完成难一些的训练奖励半包妙鲜包；完成更加困难的训练，就奖励猫咪最爱吃的小鱼干、猫罐头等。

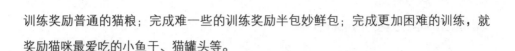 赞扬和食物奖励配合使用

在奖励猫咪零食时，一并叫出它的名字，比如，可以说"XX，这是给你的奖励"或者"XX，你很棒"。这样做的目的是让猫咪记住自己的名字，集中精神并形成条件反射，当你想让它做某件事时，可以先叫它的名字，它便会把注意力放在你接下来的口令上。

吃完奖励的食物后，猫咪可能会眼巴巴地盯着你，想要更多食物，这时，你可以温柔地对它说："继续好好做，还会有奖励哦。"多次后，猫咪就会明白你的意思，在训练中更愿意配合你。

训练猫咪的场地和用具

训练猫咪不需要太大的场地，绝大部分训练在家里就能完成，准备好以下小场地、小器具就可以开始训练了。

🐾 清理出一片训练场地

在家里训练猫咪，有 10 平方米左右的场地就够了。你可以选择家中比较安静的房间以免干扰训练。训练之前，需要把场地中用不到的东西尽量清理干净，只留下一块干净整洁的地方就行。这样既能保证猫咪的注意力不被干扰，也能避免这些物品在训练中被碰倒或摔坏。

🐾 提示音工具

提示音工具的作用是让猫咪把训练的动作、奖励和固定的声音联系在一起，使猫咪更容易理解主人的意图以形成条件反射。

可以选用的提示音工具有铃铛、哨子、响片、三角铁等。当主人即将开始训练时，可以吹一声哨子，或者摇一下铃铛、击打一下三角铁，并用声音呼唤猫咪的名字，告诉猫咪训练开始了。主人奖励猫咪零食时，可以按一下响片示意。多次训练后，猫咪就能将这些响声和具体的动作、指令联系在一起了。

🐾 辅助用具

根据具体的训练内容可以选择一些配合训练的辅助用具。辅助用具可以就地取材，比如，训练猫咪钻圆环，可以用呼啦圈或废弃的纸箱剪成的圆环；训练猫咪的跳跃和敏捷性时，可以使用逗猫棒；训练猫咪的捕捉能力，可以购买仿真老鼠玩具。

训练猫咪运动的灵活性时，可以准备几个高低不同的凳子，在每个凳子上摆放一些小物品，引导猫咪跳上去，并做到不碰触物品。

训练猫咪的跳跃能力时，可以准备一条绳子和一个吊环。将吊环粘在墙上，把绳子穿过吊环，在绳子的一端系上小玩具，另一端握在手中，简易的跳高训练工具就做成了。用手扯动绳子的一端，另一端的玩具就会上下跳动吸引猫咪跳起来捕捉。

防护用具

在训练宠物时，应该佩戴规范的防护用具，以免被宠物抓伤或咬伤。人们在训练狗狗时比较注重佩戴防护用具，但是在训练猫咪时常忽略了这一点。猫咪看起来很弱小，但它们动作敏捷，牙齿和爪子很锋利，而且对外界的反应较为敏感，更容易受惊而抓人、咬人。因此，训练猫咪时应佩戴手套、护臂等防护用具。

给猫咪的奖品

训练猫咪时奖品是必不可少的，猫粮、猫罐头、肉干、猫薄荷等等，只要是猫咪喜欢吃的食物都可以。

让猫咪听懂你的"过来"指令

让猫咪能够听懂并执行我们的指令，是一件非常酷的事。但实际上，即便一个很简单的"过来"指令，也需要长时间的训练才能让猫咪准确配合执行。那么，要如何训练猫咪听懂并遵守你的"过来"指令呢？

🐾 选择合适的训练时机

猫咪睡醒后精神充足，心情大好，这时进行训练效果会比较好。训练之前可以抚摸猫咪的头部和背部，增强它愉快的感觉，为后续的训练做铺垫。

🐾 确定固定的召唤词语

安抚过猫咪后，离开它两三步远，蹲下来看着它。然后，在身边放几粒猫粮，同时呼唤猫咪的名字，并喊出口令，比如，"XX，来""XX，跑过来"。

需要注意的是，在训练中使用的命令词语要固定下来，不要经常改变，不要今天用"来"，明天用"过来"，后天又变成了"跑过来"。因为，同样的词语经过多次强化训练，猫咪才能记住它的意思。如果经常变换词语，猫咪就很难准确记住和理解词语的意思，训练效果会大打折扣。

🐾 手把手引导猫咪完成"过来"的过程

起初，猫咪并不理解你说的话。你需要边说口令边用手势召唤猫咪，比如，先拍手，用声音吸引猫咪的注意力，等它看向你的时候，手心向上，手指自然弯曲做出召唤的动作，并指向地上的猫粮，示意猫咪过来。

如果猫咪仍然没有反应，你就要走到它的面前，在手心放上几粒猫粮引起猫咪的兴趣，当它看到你手里的猫粮并凑近要吃猫粮时，你向后退两步，不要让它吃到，然后继续刚才的动作，直到猫咪一步步跟着你来到预定地点，再引导它发现地上的猫粮。当猫咪发现了地上的猫粮，你要一只手阻止它去吃猫粮，另一手按动响片或吹响哨子，让它对你的召唤手势和响片声（哨声）产生记忆和反应，然后松开手，让猫咪去吃猫粮。

多次练习后，猫咪习惯了执行这样的"过来"口令，你就可以尝试不再给予猫咪猫粮奖励，让它逐渐习惯单纯去执行"过来"这个命令。

🐾 及时给予猫咪奖励

这样的训练每天可以做2~3次，每次训练时间控制在5~10分钟即可。每次训练后，给予猫咪一点它特别爱吃的食物作为奖励，让它感到训练是一种愉快的事情。几天后，猫咪就能理解你的指令并愉快地遵守了。

过来

教会猫咪坐下的动作

你的猫咪是不是也超级"粘手"，你越忙，它越喜欢在你身边蹭来蹭去，甩都甩不掉。告诉你一个小妙招，训练猫咪学会坐下并坚持较长的时间，帮你甩掉"粘人精"。

安抚猫咪的心情

在训练前，先确定猫咪的情绪和饮食状态，猫咪极度不安、饥饿和饱腹时都不是最佳的训练时间。最好在猫咪进食 1~2 个小时后再进行训练。把猫咪带到训练场地后，先蹲下来抚摸它，对它说话，安抚它的情绪并让它尽快熟悉环境，保持良好的心情状态。

用指令和动作教它坐下

一边说出指令"坐下"或"XX，坐下"，一边轻按猫咪的背部。如果猫咪没有明白你的意思，可以轻轻用力向下按一下猫咪的尾巴根部。这时，猫咪出于对你的信任，大多会慢慢坐下。如果你把手放开，猫咪会马上站起来，你需要再次轻按它的尾巴根部并说出指令"坐下"，让它再次坐下，十几秒钟后再放开手。如果猫咪继续保持坐姿，你就可以按动响片或吹响哨子，然后奖励它几粒猫粮。猫咪吃猫粮时，要注意用手轻按它的背部，让它继续保持蹲坐的姿势。

耐心强化猫咪的正确动作

结束这次训练后，就可以让猫咪去自由活动了。在当天或第二天进行下一次训练时，猫咪很可能已经把上次的训练内容忘得一干二净了。这时，你要耐心地重复上一次训

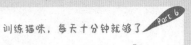
练的内容，当猫咪完成后，及时按动响片或吹响哨子，并给予它食物奖励。

固定训练猫咪的频率

有规律的训练，能够让猫咪更快地理解和掌握指令。可以每天带猫咪训练 2~3 次，每次 5~10 分钟。坚持几天后，猫咪就能理解你的意思，并较好地完成你的命令了。

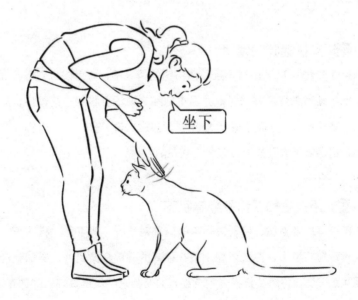

教猫咪练习趴下的动作

猫咪掌握了坐下的动作后，可以再教它按照指令乖乖地趴着不动。在猫咪习惯遵守指令后，可以将坐下和趴下的动作指令结合使用，就能让猫咪在较长时间内保持安静了。

🐾 安抚猫咪的情绪

猫咪进食后 1~2 小时，且心情不错的情况下，就可以带它进行训练了。把猫咪带到训练场地，先抚摸它的背部并温柔地和它说话。猫咪心情越好，越容易配合训练。当猫咪处于站立状态时，轻拍猫咪的背部对它说"坐下"，当猫咪听懂并执行你的口令后，记得要用鼓励的语言夸奖它几句。

🐾 用指令和手势教猫咪趴下

猫咪口令坐下后，再轻拍猫咪的肩部对它说"趴下"。猫咪第一次听到这个指令时会不理解它意思，你可以把手按在猫咪的肩部稍微用力，猫咪就会慢慢低头趴下。当猫咪趴下后，你顺势抚摸它的背部，并夸奖它"做得真好""你真乖"，等等。

有时候，训练可能不会这样顺利，当你按猫咪的肩部时，它可能会错意直接躺下亮出肚皮或者身子一歪躺在一旁。这时候不要着急，可以让猫咪重新坐下，然后一只手轻轻按压它的肩膀，另一只手挡在猫咪身侧阻止它躺下，并规范它的动作。当猫咪正确做出趴下的动作时，给予奖励。

当猫咪在你手势的引导下趴下后，暂时不要把手拿开，十几秒或半分钟后再松开手。

如果猫咪想站起来，你需要再次把手按在猫咪的背部并说"趴下"。如此几次后，再放开手并夸奖猫咪，按响响片或吹响哨子，奖励猫咪一点食物。当猫咪吃完食物想站起来时，你要继续按压在它的肩，让它趴一会儿再放手。

固定训练猫咪的频率

训练猫咪趴下动作的频率为一天 2~3 次，连续一周到十天，其后猫咪就能记住这个指令并很好地遵守了。需要注意的是，在前几次的训练中，猫咪可能很快就忘掉上一次学的内容。这时，要不厌其烦、耐心地一遍遍教它理解并遵守口令，并及时给予奖励。这样不断循序渐进，猫咪慢慢就会记住口令和动作了，同时，在你的口头表扬和物质奖励下，它还会觉得这是一件很快乐的事情。

趴下

训练猫咪钻圈

如果铲屎官耐心训练，猫咪也会像狗狗那样学会钻圈子。有兴趣的铲屎官，可以按照以下方法在家里训练猫咪，没准儿还能训练出一只杂技明星猫呢。

🥣 训练前的准备工作

钻圈训练需要猫咪奔跑跳跃，所以最好找一个比较宽敞的场所，比如，宽敞的客厅，最少要有 10 平方米的活动范围。把场地内影响训练的杂物挪走，温柔地抚摸猫咪并说一些安抚的话，比如，你真棒、好猫猫。看到猫咪的情绪比较稳定后就可以开始训练了。

🥣 教猫咪学跳杆

准备一根长度为 1 米左右的木棍，将木棍两端搭在两个矮凳（十几厘米高即可）上，主人先抱着猫咪做一个跳跃跨过木棍的动作，意思是告诉猫咪你要让它学的就是这个动作。一开始猫咪不懂，所以需要你有点耐心，多示范、引导几次。当猫咪领会你的意图，并能轻松跳跃过木棍后，你要拍拍它的脑袋，并表扬几句，按响响片或吹响哨子，喂它吃几粒猫粮。

逐渐增加木棍距离地面的高度，引导猫咪继续做跳杆运动并及时奖励它。为了避免猫咪偷懒，从木棍下面钻过去，可以用纸板挡住棍子下方的空隙。

🥣 教猫咪学钻圈

当猫咪可以熟练跳杆后，在原来的木棍上方再加一根木棍，然后按照之前的方式训练猫咪从两根木棍中间跳过去。当猫咪熟练后，可以将两根木棍用小号的呼啦圈代替，或者将纸板中间挖出圆洞供猫咪跳跃钻圈。

注意，要在训练猫咪钻圈、跳圈之前就给猫咪定下口令，比如，跳。让猫咪记忆并对口令产生反应，方便接下来的训练。

🐾 升级钻圈难度

如果猫咪已经能熟练地钻过固定着的呼啦圈或纸板圈，就可以尝试拿着呼啦圈，边走边喊口令让猫咪跳过移动的圈。

开始猫咪可能会原地不动，因为它的小脑瓜里正画满了问号：呼啦圈为什么动起来了？这时候你可以停下来，再喊口令让猫咪跳，当它跳的时候，你要向着猫咪的方向移动呼啦圈，逐渐引导猫咪适应移动的呼啦圈并完成钻圈动作。

跨越移动的呼啦圈对猫咪的挑战性更高，趣味性也更强。只要引导得当，猫咪会更乐于做这种运动型的游戏。

当猫咪能够顺利地钻过移动着的呼啦圈后，你可以再增加难度。连续设置两三个小型呼啦圈，用口令教猫咪进行连续跳跃。起初，呼啦圈之间的距离可以远一些，让猫咪在连续跳跃之间有一定时间和空间的缓冲，其后可以逐渐缩短呼啦圈之间的距离，增加跳跃难度和训练的趣味性。

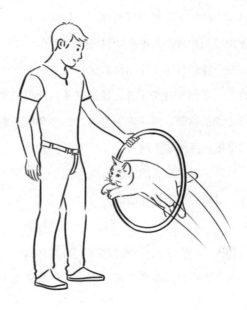

带上猫咪出去遛遛

很多人带猫咪出去散步玩耍时，会把它们放在猫包里或抱在怀里。这种情况下猫咪的自由度低，难以玩儿尽兴。牵引绳能有效避免猫咪走丢并让猫咪玩得很愉快。但是，猫咪的身子非常柔软，什么样的牵引绳更适合它们呢？出门牵绳遛猫还有哪些需要注意的事情呢？

🐾 选择合适的牵引绳

牵引绳主要有两种。

一种是脖圈式牵引绳。这种牵引绳的构造很简单，主要包括一个项圈和一根连接在项圈上的绳子。这种牵引绳适合狗狗佩戴。猫咪的身子柔软，很容易挣脱掉项圈，如果把项圈系紧，又容易勒到猫咪的脖子。

另一种是背带式牵引绳。这种牵引绳像一个小背心，不但有项圈，还有几条交错的背带。项圈和背带相连，绕过猫咪的两只前爪、后背和脖颈。另有一条绳子连接在小背心的后背处，用来牵引猫咪。这种牵引绳能够更好地贴合猫咪的身材，有效防止猫咪逃脱，非常适合遛猫。

另外，牵引猫咪的绳子长度大约 2~3 米即可。绳子过长会缠绕到障碍物或影响其他人，过短会影响猫咪活动。

🐾 让猫咪适应佩戴牵引绳的感觉

在带猫咪出门遛弯之前，先让它在家里适应佩戴牵引绳的感觉。每天猫咪在家自由活动时，让它佩戴半个小时到一个小时的牵引绳。

起初猫咪会很不适应，发现自己无法挣脱牵引绳后会变得很烦躁。主人要及时安慰它的情绪。几天后，猫咪逐渐适应了牵引绳套在身上的感觉，就可以带它出门遛弯了。

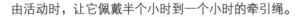 逐步扩大出门遛猫的范围

初次带猫咪出门遛弯时，不要去离家较远的地方，以免猫咪一下子不能完全适应新环境而受到惊吓，对出门活动产生抵触心理。先带它在家门口附近活动，让它逐渐熟悉周围的环境和气味。然后逐步扩大活动的范围。

第一次带猫咪出门活动的时间应控制在半个小时以内，以后可以逐步增加时间。

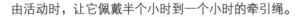 牵绳遛猫的注意事项

遛猫时尽量选择人少、宠物少的时间出门，避免猫咪在户外接触过多的人和动物受到惊吓。

另外，遛弯之前应给猫咪做好防疫，接种各种疫苗以后再带猫咪出门，这样能有效避免猫咪在户外感染各种寄生虫或传染病。

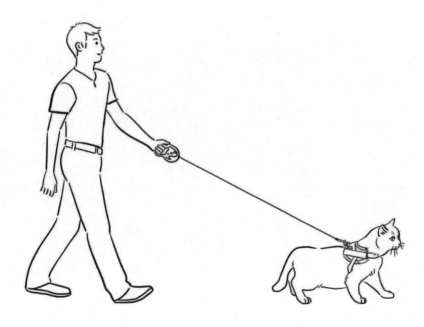

Part

7

猫咪的健康管理
和疾病预防

定期体检，关注猫咪健康

从把猫咪领回家的那天起，我们就多了一份责任：不但要照料猫咪的吃喝拉撒，陪它玩耍，还要关注它的健康状况。

俗话说，猫有九条命。很多人会因此而认为猫咪的生存能力很强，不容易生病。其实，无论是野外生存的猫咪还是"宅"家生活的猫咪，从出生到年老的各个年龄段都会遇到各种健康问题。有时候，一次小小的感冒、便秘，都有可能让猫咪面临生命危险。所以，除了日常注意观察猫咪的异常状况外，还需要定期为猫咪做体检，以保证它们的身体处于健康状态。

给猫咪体检包括两个方面，一是自己在家里对猫咪进行简单的身体状况记录和检查；二是定期带猫咪去宠物医院，请医生排查猫咪是否有健康隐患，做到早发现、早治疗。

🐾 日常居家健康检查

在家中定期对猫咪的健康状况进行检查，简便易行，能及时发现猫咪的一些重要疾病征兆。

检查疫苗是否按时接种。准备一个疫苗接种记录表，将猫咪需要接种的疫苗都填在表上，及时标注接种疫苗的时间以及是否接种，如发现有遗漏，需要尽快带猫咪去宠物医院接种疫苗。

查看猫咪的精神状态。日常生活中要留心查看猫咪的精神状态，比如，是不是和以前一样活泼、是不是一如既往的机灵和好奇、食欲是否旺盛等等。细心的主人总能从猫咪日常行为中看出它是否不舒服，并及时寻求医疗帮助。

　　观察猫咪的运动状态。和猫咪玩耍时，可以留心观察猫咪的跳跃、奔跑、行走等是否有异常，比如，观察猫咪行走姿势、奔跑速度是否有变化。如有异常表现，要尽快带猫咪去就医。

　　给猫咪做体重记录。制作一张猫咪体重记录表，从将猫咪带回家的那一天起，每隔 1 个月给猫咪测量一次体重。如果成年猫咪在某个时间段出现体重增长过快或迅速减轻的情况，就要带它去宠物医院做进一步的检查。就医时记得带上猫咪体重记录表，它可以帮助医生更好地判断猫咪的身体状况。

　　查看猫咪的被毛情况。健康猫咪的被毛柔软丝滑，如果发现猫咪的被毛没有光泽，甚至有些干枯杂乱，很有可能是缺少某些营养元素或消化系统出现了问题，要及时带猫咪去宠物医院做进一步的检查和诊断。平时还需要观察猫咪的被毛下是否有寄生虫、猫癣等，如果发现异样，及时带猫咪就医。

　　观察猫咪的五官。主要是观察猫咪的眼睛、鼻子、耳朵、嘴巴是否有炎症或创伤，以便及时发现，及时到宠物医院诊治。

　　观察猫咪的便便和尿液。平时注意观察猫咪排便是否规律、顺畅以及大便状态等，如果粪便出现不成形、有血丝，或过于干燥、排便困难等情况也要及时就医诊治。另外，也要注意观察猫咪的排尿情况，比如，排尿是否顺畅、尿液的颜色、尿量的多少等等，如果出现反常情况，也要及时带猫咪去医院治疗。

🐱 定期带猫咪去宠物医院体检

对猫咪进行日常检查只是为了及时发现猫咪的异常情况，以便及早就医诊治，但毕竟我们不是专业的宠物医生，而且有些疾病难以通过肉眼观察看出来。所以，还应该每年至少一次带猫咪去专业的宠物医院做全面体检。宠物医院的体检主要包括以下方面。

医生的观察和触摸检查。宠物医生拥有丰富的治疗经验和专业知识，能通过观察猫咪的外观、动作和叫声等来发现疾病隐患。触摸检查是医生通过抚摸按压猫咪的身体，了解其内脏等器官的健康情况。比如，医生通过抚摸按压猫咪的肋骨和腹部就能大致判断其中是否有肿块、脏器的大小或形状是否正常等。

医生的听诊。医生借助听诊器能更好地了解猫咪胸腔的健康情况。

医生的闻诊。医生可以通过猫咪身体上散发出来的味道判断它是否生病。

生化采样检验。医生通过现场采样化验猫咪的排泄物能准确判断猫咪是否患有寄生虫病或肠胃疾病。对猫咪的被毛采样检验，可以确定其是否患上细菌、癣类等疾病。对猫咪的血样检查能掌握其肝功能、肾功能、胰脏等器官的健康情况。如有需要，医生还会建议对疑似有结石或心肺问题的猫咪进行 X 光影像检查。此外，还有宠物专用的心电仪和血压检测仪，有助于判断猫咪的心脏功能。

需要注意的是，有些体检项目需要猫咪保持空腹，所以，带猫咪体检之前一定要先咨询医生，确定是否需要提前让猫咪禁食禁水。

如何为猫咪接种疫苗

很多人可能会有这样的疑惑：我家猫咪总是在室内生活，基本不外出玩耍，需要接种疫苗吗？选择什么样的疫苗比较好呢？

目前适合猫咪接种的疫苗分为两类，一类是核心疫苗，也就是建议所有猫咪都接种的疫苗。在我国，核心疫苗又被称为"猫三联"，它主要预防三类最常见的猫咪疾病：猫瘟、猫鼻支、杯状体。另一类是非核心疫苗，也就是可以根据宠物的情况自行选择接种或不接种的疫苗，主要包括狂犬疫苗、白血病疫苗、传腹疫苗等。

如何接种核心疫苗

目前市场上的猫三联分为灭活疫苗和减毒疫苗两种，它们的区别在于疫苗的载体不同，但在功效上是一样的。

给幼猫接种疫苗。在幼猫出生 60 天后进行第一次接种。然后每隔 18~30 天接种一次，共计接种三次疫苗，在猫咪半岁后或一岁时再接种一次加强针。此后每隔三年再给猫咪接种一次加强针。

给成年猫咪接种疫苗。成年猫咪第一次接种疫苗后 15~30 天再接种第二次疫苗。然后，根据猫咪所处的环境决定第三次补强疫苗的接种时间。

如果猫咪长期不外出，每三年接种一次补强疫苗即可。如果猫咪经常被主人带到户外玩耍，或者定期去宠物医院就诊，那就意味着猫咪经常处在风险较大的环境中，要每年接种一次补强疫苗。

另外，如果主人抱回家的是成年猫咪，不清楚它之前是否接种过"猫三联"疫苗，就要按照正常程序给猫咪接种两次疫苗，间隔期是15~30天，一年后补打一次增强疫苗。

注意，以上所介绍的疫苗接种方式和间隔时间为一般情况，具体接种方式和间隔时间需咨询宠物医生确定。

如何选择非核心疫苗

非核心疫苗包括狂犬病疫苗、白血病疫苗、传腹疫苗、猫艾滋病疫苗、衣原体疫苗等疫苗。通常人们会选择给猫咪接种狂犬病疫苗，咨询宠物医生后再决定是否给猫咪接种其他非核心疫苗。

一般来说，如果家中同时有宠物狗和猫咪，那么每年都应给猫咪接种狂犬病疫苗。如果家中只有猫咪，在接种完第一次疫苗后，每隔2~3年再接种一次即可。

如果经常带猫咪出去玩耍或猫咪处于散养状态，那么每年都应给猫咪接种一次狂犬疫苗。

接种疫苗的注意事项

接种时间的选择。最好选择在工作日的上午带猫咪去接种疫苗，接种后，主人陪同猫咪在宠物医院留置观察半个小时至一个小时。如果猫咪出现过敏等症状，宠物医生可以及时给予治疗。

猫咪应在健康状态下接种疫苗。如果猫咪有感冒发热或腹泻、精神萎靡等症状则不宜接种疫苗，需要等猫咪完全康复后再接种。猫咪接种疫苗前半月内不宜洗澡，在饮食方面也要保证健康卫生、营养充足。另外，猫咪接种完疫苗后的几天内，可能会出现一些不良反应，如低烧、不爱吃东西、昏昏欲睡等。

如果猫咪的不良反应持续时间较长，或者主人无法判断时，需要及时带猫咪去宠物医院诊治。另外，在这段时期内也不宜给猫咪洗澡。

哪些猫咪不宜接种疫苗。母猫处在妊娠状态以及产后3个月内，都不宜接种疫苗。两个月以内的幼猫不宜接种疫苗。猫咪在做驱虫治疗之前不宜接种疫苗，在驱虫一两周后才能接种疫苗。

给猫咪服药、用药的小技巧

　　猫咪很像小孩子，有的猫咪看到主人拿出药片转头就跑，还有的猫咪闻到药味儿立马躲到角落里不肯出来。其实，需要自己在家中给猫咪用药的情况主要有三种：一是给猫咪喂食内服药，这是猫咪最为抗拒的；二是给猫咪上眼药；三是给猫咪的耳朵处敷药。下面这些小技巧，或许可以帮助你解决猫咪抗拒用药的问题。

给猫咪喂食内服药的方法

　　用注射器针管喂食。猫咪对药物的味道非常敏感，对自己不熟悉或口感很差的药物，它们总是躲得远远的。即使将药混在猫罐头或鱼汤中，猫咪依旧能分辨出来。

　　良药苦口，病还是要治的，如果把药混合到食物中猫咪还是不吃，那就只能用点强制性的手段了。

　　准备一支没有针头的注射器针管，将药物溶解在水中，并吸入针管；将猫咪抱在怀中或让它蹲坐在桌子上，用手掌抓抓猫咪的面部，使其嘴巴向斜向上方翘起；将针管伸入猫咪口中犬齿附近，然后将药液推入猫咪的口中。

　　注意，推入药液的速度不宜过快，以免呛到猫咪或流出猫咪口外。喂完药后，要及时安抚猫咪并夸奖它，以减轻猫咪对强制服药的反感和抗拒心理。

　　用喂药器喂药。如果医生给猫咪开的处方药不方便溶解或药物溶解后特别苦，猫咪就会非常抗拒，这时候可以使用喂药器给猫咪喂药。准备一支没有针头的注射器，针管中吸满温水。将药片放在喂药器上，然后用手掌握住猫咪的面部，使猫咪的嘴巴向斜上方翘起。当猫咪张开嘴时，将喂药器插入猫咪的嘴里，将药片送入猫咪舌根部。

然后，取出喂药器，将猫咪的嘴合上，用注射针管在猫咪犬齿后方的缝隙中注入一些水，防止药片黏在喉咙上。再抚摸猫咪的颈部和喉咙，帮助猫咪将药片咽下。

🐾 给猫咪点眼药的方法

当猫咪患有眼科疾病时，医生可能会开一些外用的药物。上眼药时，先将猫咪抱在怀中，微微抬起它的头。用手掌固定猫咪的头部，轻轻扒开猫咪的眼睑，将眼药水或眼药膏从猫咪头后部慢慢接近眼睛，涂完药后迅速把猫咪的眼睑合上，过几秒钟后放手。这时，猫咪会不停地眨眼并甩头，试图将眼药水和眼中的污物一并甩出。取一张干净的纸巾，轻轻将猫咪眼睛周围的污物擦拭干净即可。注意，不要在猫咪的视线前方拿着眼药水靠近它的眼睛，否则猫咪出于本能会拼命挣扎，增加上药的难度。

🐾 给猫咪的耳朵敷药的方法

当猫咪的耳中有耳螨等寄生虫时，常常需要使用外敷的药物治疗。

先用宠物专用清洗液将猫咪的耳朵清洗一遍，待猫咪甩头将污物甩出后，再向猫咪的耳中滴入专用药物。轻轻地按着猫咪的头部，将它的耳朵向后翻起，将专用药物伸进猫咪的耳道内，按照说明滴入适当剂量后，迅速将耳朵折回盖在头部，用手轻揉猫咪的耳朵，十几秒后松开手，猫咪会自主将耳内的寄生虫和药液甩出。用棉签将猫咪耳朵内外的脏东西清理干净，然后照此方法给猫咪的另一只耳朵上药即可。

不同季节如何照料猫咪

　　猫咪在不同的季节有不同的生理变化和特殊的需求。铲屎官要根据不同的季节及时给猫咪适当的照顾，让它们能远离疾病，健康快乐地生活。

春季照料猫咪的要点

　　应对发情期。春季是万物复苏的季节，猫咪也热衷于在这个时候去寻找爱情，大多数猫咪从早春开始寻找配偶。公猫为了寻找到心仪的母猫，会想尽办法跑出家门，在户外长期逗留，甚至和其他公猫进行激烈地搏斗。

　　母猫在这个季节会出现"叫春"的情况。它们在发情期茶饭不思，甚至打滚嚎叫。如果这期间母猫没有交配，那它的下一次发情期就会提前到来。

　　解决猫咪发情最好的办法是为它们做绝育。如果你不想给猫咪绝育，那么就需要为它们寻找可靠的伴侣，比如，和朋友家的猫咪配对或者在爱猫人士交流群中寻找合适的猫咪。

　　打理被毛。猫咪在春季开始褪掉身上厚厚的被毛，如果没有及时清理，家中很容易出现猫毛满天飞的情况。因此，需要注意帮猫咪清理脱毛。最好用密齿梳子梳理猫咪的被毛，把脱落的毛发收集在塑料袋里扔进垃圾桶。如果家里养的是长毛猫，每天至少要帮它梳理两次被毛；短毛猫每天一次或两天一次即可。

给猫咪做好防虫驱虫工作。春天也是各种寄生虫和细菌活跃的时期，因此，要仔细清理家里的各个角落，并经常检查猫咪的皮肤。如果发现有感染细菌真菌或寄生虫的症状，要及时带猫咪去宠物医院就诊。

🐱 夏季照料猫咪的要点

注意饮食卫生。夏季食物容易变质腐烂，如果猫咪吃了不新鲜的食物很容易出现肠胃问题，轻则腹泻呕吐，重则危及生命。

因此，给猫咪安排食物应遵循"少食多餐"的原则。每一次给猫咪的食物量要少，大约是日常饭量的2/3左右即可，保证猫咪能一次吃完，避免食物放置太久滋生细菌变质。每天给猫咪

喂食2~3次即可。猫咪的食物要密封好，按照说明书提示的方式保存，避免变质。

如果给猫咪做鲜食，做好后一定要冷冻起来，每一次喂食之前取适量加热即可。还应注意不要给猫咪投喂其肠胃消化不了的食物，比如，我们爱吃的零食、饭菜等。

有的主人喜欢在夏季和猫咪分享冰淇淋、雪糕等，这是不可取的，冷饮会刺激猫咪的肠胃，导致出现腹泻等情况。另外，还要经常清洗猫咪的食盆和水盆，并及时更换新鲜的饮用水，并保证猫咪饮水充足。

做好防暑工作。夏季猫咪的生活环境，尤其是它睡觉的地方要保持干净凉爽。早晚相对凉爽时，注意勤开窗通风，既能保持室内空气环境清新，也能降低温度，有利于猫咪度夏。另外，开空调时注意不要把温度设置得太低，以免猫咪在冷热交替下感冒。

预防被猫抓伤。夏季天气热，人们衣着单薄，猫咪也容易烦躁，因此，要注意及时帮助猫咪修剪指甲，以与猫咪互动时被抓伤。

🐱 秋季照料猫咪的要点

秋季是收获的季节，也是动物们开始"贴秋膘"准备过冬的时期。猫咪在秋天也会胃口大开，饭量比夏季增加很多。

饮食上的照料。适当地为猫咪增加喂食量，每天可增加一次喂食次数，同时给猫咪增加新鲜的肉类或罐头等热量相对较高的食物，并在家里种植猫草，以确保猫咪的饮食荤素搭配，营养充足。

预防呼吸系统疾病。秋季昼夜温差大，也是各种病毒活跃的时期，猫咪容易患上感冒、肺炎等呼吸系统疾病。主人不但要保持室内的干净卫生，还要注意晚上关窗防风，为猫咪做好保暖，避免温差较大给猫咪带来身体不适。

应对发情期。秋季也是猫咪的发情期，因此也应像春季一样，提前做好应对措施。

冬季照料猫咪的要点

增加猫咪晒太阳的机会。猫咪晒太阳不但能促进骨骼生长，还能减少皮肤疾病的患病概率。可以在家中向阳的窗户前为猫咪准备一个舒适的小空间，方便它晒太阳。

喂食温热的食物。在冬季，猫咪的消化功能也会有所下降，如果经常食用冷食会造成肠胃不适，因此，给猫咪喂食前应将食物加至温热。同时，还应给猫咪提供温热的干净饮用水以保护它们的肠胃。

防止猫咪烫伤烧伤。猫咪冬天喜欢待在温暖的地方，比如，家用电器的散热口附近或者电热毯上。有的主人还特意为猫咪准备了较小的电热毯，且长期使电热毯保持工作状态。这其实存在很大的隐患。要避免电热毯长期处于工作状态意外漏电、着火，另外，还要防止猫咪在电热毯上乱抓乱咬导致漏电的情况。

南北方养猫需要注意的几件小事

　　我国地域辽阔，南北方的地理环境差异较大，气候、生活条件也不尽相同。因此，在不同地区喂养猫咪有不同的注意事项。

🐾 南方地区养猫要注意的事情

　　与北方地区相比，南方地区的气候更加湿润。南方地区的夏季通常闷热潮湿，阴雨天气较多。这对于比较喜欢干爽天气的猫咪来说格外难熬。大多品种的数猫咪身上被毛浓密，在潮湿的季节容易出现各种皮肤病。阴雨天气较多时，猫咪晒太阳的机也很少，也容易引起一些健康问题。此外，南方在夏季时常有心丝虫等寄生虫出现，如果猫咪是半放养或放养状态，就很容易被这些寄生虫侵袭以致患病。

　　所以，在南方地区夏季一定要更多地注意对猫咪皮肤状况的检查，注意保持室内干燥；做好寄生虫预防工作，具体用药和检查细节需咨询宠物医生，确保持续、正确用药，防患于未然。

　　猫咪在这个季节也容易因天热或食物不卫生而出现肠胃疾病，一定要注意保证猫粮、猫咪饮用水的干净卫生，并做好猫咪水盆、饭盆、猫砂盆等用具的清洁和消毒工作。

　　南方地区冬季较为寒冷潮湿，且供暖条件多有不足。猫咪长期生活在这种环境中容易出现关节炎、风湿等疾病。因此，主人应给猫咪做好保暖，如为猫咪准备电热毯等，但要注意防止猫咪被烧伤、烫伤、触电等情况发生。

 **北方地区养猫要注意的事情**

北方地区夏季天气干热，阳光较强，主人应注意避免猫咪中暑，及时为猫咪补充水分等。如果猫咪经常在户外活动，还要注意预防猫咪感染跳蚤、虱子、蜱虫等寄生虫。

北方冬季大多供暖条件较好，猫咪在温暖的室内可以安然过冬。但是，室内外温差较大，如果猫咪经常在室内和室外活动，要注意预防它们出现冻伤或着凉感冒等情况。

猫咪突然呕吐的原因

有时猫咪玩得很开心，却突然呕吐起来，常常让主人感到焦急不安。其实，猫咪呕吐也分为多种情况，相应的处理方法也不同。

在发现猫咪呕吐后首先应观察猫咪的精神状态，是吐完就精神了，还是呕吐伴随着精神不振？从猫咪的精神状态初步猜测猫咪呕吐的原因。接着再检查猫咪的呕吐物，进而判断猫咪呕吐的真正原因。

呕吐物中有毛发团

猫咪的这种呕吐大多是由于舔毛时将毛发吞入肚子，导致消化不良，最后以呕吐的方式将毛发清理出来。这是比较常见的情况，对猫咪身体健康影响较小。给猫咪食用猫草就可以解决这个问题。猫草可以刺激猫咪的肠胃蠕动，然后猫咪胃中的毛发团吐出来。

如果猫咪不吃猫草，也可以给猫咪服用化毛膏，也能帮助猫咪排出消化道里积累的毛发。还有一些猫粮自带化毛功能，也可以选购这类猫粮。

需要注意的是，化毛膏一般一周喂食 2 次左右就可以，不需要每天都吃。处于换毛期的猫咪可以适当增加投喂次数，但并不是越多越好。

呕吐物中有猫粮或其他杂物

出现这种情况可能是因为猫咪饮食不洁、吃了过多的猫粮，或者好奇贪嘴吞下了不利于消化的东西。猫咪感到肠胃不适，用呕吐的方式把这些东西排出体外，这是它自我保护的一种方法。一般来说，猫咪把这些东西完全排出后，再喝点温水，休息一天就能恢复健康了。

但有些情况例外。比如，猫咪吞食了塑料袋、针线、纽扣等异物时，催吐或者拉扯很可能伤到肠胃，造成二次伤害，这时候一定要及时带猫咪去医院进行检查，请专业的医生来处理。

🐾 呕吐物中有血丝并伴有腹泻等情况

如果猫咪出现这种情况，并伴有精神萎靡不振，对呼唤反应迟钝，那就要提高重视了。要考虑猫咪是不是得了肠胃炎或食物中毒。在观察猫咪的排泄物和呕吐物后，要尽快带它去宠物医院诊治。

> **注意：**
> 　　猫咪突然呕吐的可能原因有很多，如果根据猫咪的状态和呕吐物判断可以居家处理，则应及时采取相应处理措施，若无法判断具体原因，或居家处理后猫咪的症状没有减轻，一定要抓紧时间送医诊断、治疗。

给猫咪驱虫

寄生虫病是猫咪很容易患的一种疾病。寄生虫病可以分为体外寄生虫和体内寄生虫两种。

🐱 猫咪感染体外寄生虫

体外寄生虫通常是因为生活环境不卫生或者与其他带有寄生虫的动物接触而感染的，跳蚤、疥螨、蜱虫等都属于此类。体外寄生虫会导致猫咪身上出现红肿、脱毛、瘙痒、结痂等症状，猫咪会因为瘙痒难耐，吃不好、睡不好，焦躁不安。

🐱 猫咪感染体内寄生虫

体内寄生虫可能因为食物不洁、饮用水不干净，或者被其他动物传染而致，蛔虫、绦虫、三毛滴虫等都属于此类。感染体内寄生虫后，猫咪可能会出现拉稀不止、排便带血、消瘦等症状，有时还可能在猫咪排出的粪便中可以看到寄生虫。

🐱 为猫咪驱虫

为保证猫咪的健康，需要定期为猫咪驱虫。驱虫药需在正规药店购买，或者在宠物医院给猫咪进行驱虫。驱虫药是有一定毒性的，所以要严格按照药物使用说明来使用。

一般情况下，猫咪出生1个月后就可以开始为它做一些驱虫工作了。如果猫咪健康状态不稳定，可以把驱虫的时间延后。

猫咪驱虫也分为体内驱虫和体外驱虫两种。体内驱虫刚开始可以每两周用一次，等猫咪成年后，可以 3 个月进行一次例行驱虫。体内驱虫最好在猫咪进食后 3~4 个小时喂药。

体外驱虫可以每个月进行一次，建议将驱虫药滴在猫咪脖子后面，防止猫咪舔到。体外驱虫还需要配合家庭清洁，比如，经常更换猫砂、给猫窝和猫盆消毒等。

当然，驱虫药的选择、驱虫的频率等问题，要考虑许多具体因素，比如，猫咪平时是否外出、是否生骨肉喂养、是否有基础疾病，等等。最好是听从宠物医生的建议，合理地为猫咪驱虫。

为避免猫咪感染寄生虫，应该注意家中卫生，猫盆、猫窝等及时消毒，猫砂及时更换。另外，要注意猫咪的饮食卫生，不给猫咪吃生的食物。家里来了新的猫咪或者狗狗等动物，要先隔离驱虫后，再散养。

需要注意的是，有些猫咪体质比较弱，或者肠胃功能不好，吃了驱虫药后，可能会出现轻微的呕吐、腹泻、精神萎靡、食欲不振等现象。这种情况如果一到两天内有所缓解，那就不用担心。如果持续时间长或者症状比较严重，一定要及时带猫咪就医。

常见的猫咪皮肤病

和人类一样，猫咪也会患上皮肤病。跳蚤过敏性皮炎和猫癣就是比较常见的两种猫咪皮肤病。

🐾 跳蚤过敏性皮炎

跳蚤过敏性皮炎，是由跳蚤叮咬引起的一种皮肤病。这种病症通常在春季和夏季出现，冬季很少发生。患上这种疾病的猫咪，初期症状是被毛较少的腹股沟、腋下等部位皮肤发红。如果没有及时治疗，不久后猫咪的背上就会出现红斑状的丘疹和紫褐色的血痂，甚至出现局部脱毛的情况，因为剧烈瘙痒，猫咪会经常抓挠啃咬感染部位，加重皮肤的损伤，甚至会导致二次感染。

🐾 猫癣

猫癣主要由犬小孢子菌或须毛癣菌感染猫的皮肤而引起，其中前者引起的猫癣占了大多数。猫咪患病后会出现被毛脱落和局部皮肤呈鳞屑状等症状。在患病初期，有的猫咪有较严重的瘙痒感，会经常抓挠患处，或在墙角、桌子腿等处摩擦患处。有的猫咪瘙痒感觉很轻，只是偶尔抓挠几下，并没有其他的表现，因此很少能在这个时期发现异常。患有猫癣的猫咪抓挠皮肤时很容易导致皮肤破损、出血；猫癣症状严重时还会出现被毛大量脱落、皮肤发黑等情况。而且，真菌具有传染性，在猫和猫、猫和人，以及人和人之间都可能相互传染。因此，要注意对这种猫咪皮肤病的预防、观察和治疗。

为了避免猫咪患上这些常见的皮肤病，需要注意为猫咪提供干净卫生的生活环境，经常清理猫舍，经常给猫咪洗澡也能有效预防跳蚤。给猫咪洗完澡后，要及时将其毛发吹干，防止细菌感染，导致猫癣。同时，要适当地给猫咪补充营养，增加猫咪的抵抗力。让猫咪多晒太阳杀菌，也可以减少猫咪患上皮肤病的概率。

　　感染皮肤病会影响猫咪的精神和健康状态，严重时还可能导致大范围传染，乃至危及猫咪生命的情况，所以，平时一定要注意观察猫咪精神状态和日常表现，发现异常情况要及时带猫咪到宠物医院做专业的检查、诊断。

猫咪牙周炎

猫牙周炎，又叫牙周病，是猫咪常见的一种口腔疾病。主要症状是口臭，大量流涎，不敢吃硬质食物，咀嚼困难；吃硬质的食物时，会因为食物碰到病处疼痛而嚎叫。注意观察的话，会看到猫咪牙齿上有牙结石，牙根红肿，用镊子、棉签等碰触时会感觉牙齿有松动，猫咪会因为疼痛拒绝触碰。

猫咪患牙周炎的可能原因

平时不注意口腔卫生导致牙结石长期刺激牙龈，食物积存在牙缝或牙齿脱落后的牙槽中造成感染，以及饲养不当导致猫咪体内长期缺少某些微量元素和维生素都可能导致猫咪患上牙周病。此外，某些疾病，比如，糖尿病、肾病等也可能引起牙周炎。

帮助猫咪拥有健康的牙齿

牙周炎可以控制，但是很难治愈，一旦患病，猫咪会痛苦不堪。因此，平时要注意猫咪的口腔卫生，每天帮助猫咪清洁牙齿。为避免食物和残渣沉积，在帮猫咪刷牙时，要注意清洗齿龈边缘。让猫咪多咬骨头或者硬的玩具，可以有效锻炼牙龈和牙齿，减少患上牙周炎的概率。此外，还要注意给猫咪提供营养科学的膳食，避免因为饲养不当而患上牙周炎。

如果发现猫咪患上了牙周炎，要及时带猫咪就医，诊断原因，对症治疗。

猫咪中耳炎

如果发现猫咪不停地抓挠自己的耳朵，甚至把耳朵挠出血，这可能是患上了中耳炎。

猫咪的不适表现

猫咪患上中耳炎后，除了会因为耳朵瘙痒不停抓挠外，还会出现烦躁不安、食欲减退、身体消瘦、对外界刺激反应迟钝、不愿意活动、容易倦怠等现象。检查猫咪的耳朵，会发现一只或者两只耳朵内有黏液性或者脓性液体，还伴有严重的腥臭味。有的猫咪还会伴有呕吐、腹泻、便秘的症状。

中耳炎通常是因为给猫咪清理耳朵不到位引发的，细菌感染、耳螨、真菌感染、外耳炎继发等也都可能导致中耳炎。

平时要注意观察猫咪耳朵的状态，一般情况下，猫咪能够自己清洁耳朵，干净的猫咪耳朵呈粉红色，没有耳垢、杂物或异味。如果发现猫咪的耳朵分泌物为绿色、黄色脓性、黑色或者红色，那就说明出现了异常，应该及时带猫咪到宠物医院就医诊治。

带猫咪做绝育

带猫咪做绝育听起来似乎是一件很残忍的事，其实不然。如果你爱猫咪，希望猫咪可以健康而长久地陪伴你，又没有养育小猫的计划，那么请一定要带猫咪去做绝育手术。

🐾 猫咪做绝育的好处

母猫做绝育手术后，可以大大降低患上子宫疾病、生殖器官传染性疾病等病症的概率，避免猫咪发情时脾气暴躁、被公猫追赶等问题；公猫做绝育手术后，可以避免因为长期发情导致的睾丸肿瘤、前列腺肥大等病症，发情时随地乱撒尿的情况也会减少。

一般应该在猫咪 6~8 月龄时进行绝育手术。不过，猫咪的品种不同，发育情况也会不同，具体手术时间还需要请宠物医生对猫咪进行检查后给出专业意见。

给公猫做绝育手术，主要是对其睾丸进行切除。母猫的绝育手术需要切开猫咪的腹腔，将其卵巢和子宫切除。

🐾 带猫咪做绝育前的准备

带猫咪做绝育手术之前，准备一个猫咪可以平躺的箱子类的容器，在其中铺上干净、松软的垫子，方便猫咪做手术后休息。跟宠物医院约好手术时间，并详细咨询术前、术后注意事项。一般来说，在手术前 12 个小时左右，猫咪要禁食禁水。

另外，猫咪绝育手术后会出现食欲大增但新陈代谢减慢的情况，容易导致肥胖，所以，术后还应注意科学合理地安排猫咪的饮食，如为猫咪准备低脂、高纤维含量的猫粮，补充蛋白质等，具体注意事项要详细咨询专业的宠物医生。

猫咪的妊娠与分娩

　　猫咪交配成功后，很快就会出现怀孕的表现。猫咪的体重会渐渐增加，腹部也会越来越大。怀孕 20 天左右，猫咪的乳头会变红。

　　正常猫咪的孕期一般是 60 天左右，如果猫咪在 50 多天时就开始分娩属于早产，生下来的幼猫身体较弱，容易死亡。如果猫咪在 70 天后才生产，就很可能出现难产的情况。一般来说，长期在家中生活的猫咪营养均衡、身体健康，大都会正常分娩，极少出现早产或难产的情况。

　　猫咪分娩，幼猫大多以顺产的方式出生，也就是幼猫的臀部或尾端先分娩出来，然后是头部，少部分幼猫出生时是头部先出来。无论哪种情况，母猫都能顺利生产，不需要主人的帮助。

　　😺 猫咪的分娩分为三个阶段。

　　第一阶段持续 6 个小时左右，在这期间猫咪的子宫颈口会逐渐张开，腹部肌肉、子宫肌肉和产道开始收缩。猫咪会出现打呼噜和粗重的喘气声，呼吸也会急促，产道外还会出现透明的液体，这些都是猫咪为分娩在做准备。

　　第二阶段一般在一个半小时以内。在这期间，母猫开始舔拭外阴，腹部收缩力度加大。很快，幼猫就会出生。

　　第三阶段，幼猫出生后，母猫会把脐带咬断，将胎膜和胎盘也一起排出来并吃掉。猫咪的这种行为是出自本能，吃掉胎盘可能会对母猫的肠胃消化有些许影响，但是没有其他危害。主人可听之任之，也可将胎盘取走扔掉。

母猫在一胎中会生下多只幼猫，每只幼猫的出生都要经过这三个阶段。

一般来说，从第一只幼猫出生到最后一只幼猫出生，持续时间在 12 个小时以内。大多数母猫的分娩过程持续 3~5 小时，只有极个别的母猫会出现 12 个小时以上的情况。

🐾 铲屎官可以做的事

幼猫出生后，第一时间就会寻找母猫的乳头吃奶。当母猫的分娩时间持续 12 个小时以上，且母猫对刚出生的部分幼猫无心照顾时，主人可轻轻抚摸母猫的腹部，了解是否还有幼猫没有生出。一般分娩完成的母猫肚子会很柔软，若是摸到明显的硬块，甚至还带有微弱的蠕动感，那很可能就是母猫腹中还有小猫。

如果发现母猫体内还有小猫，主人就要及时联系宠物医生，在医生的指导下帮助猫咪生产或带猫咪去宠物医院就诊，由医生判断是否需要剖腹产。

生下小猫后的母猫休息一两天，精神和饮食就能恢复，并把主要的精力投入到照顾幼猫上。

如何照顾年老猫咪

当猫咪进入老年后，身体机能会快速下降，需要主人更加用心照料。照顾老年猫咪需要注意以下几个方面。

定期体检

每年带老年猫咪去宠物医院体检一至两次。检查项目主要包括常规的血液、尿液、粪便检查，以及根据医嘱需要做的其他检查。

选择老年猫咪专用猫粮。老年猫咪身体所需的营养和年轻时有很大不同。如果条件允许，应选择老年猫咪专用猫粮，并在请教医生后适当为猫咪补充维生素和其他微量元素，保证猫咪摄入的营养充足、均衡，有利于提高其对疾病的抵抗力。

避免猫咪从高处跳落

老年猫咪的肌肉和骨骼都不如年轻时强健，如果经常从高处向下跳跃会很容易出现骨折的情况。因此，如果家中有比较高的家具，要注意在旁边放置一些较低的桌子、凳子等，以方便猫咪逐级跳下，减轻高处跳落对身体的冲击力。

经常爱抚猫咪

老年猫咪对主人的依赖性更强，对其他宠物的敌意也更强。尽量经常把猫咪抱在怀中抚摸或为它梳理被毛，让它感受到来自主人的爱护。同时，还可以适当按摩猫咪背部、腿部等处的肌肉，帮助猫咪舒筋活血，保持身体机能。

🐱 最后时刻的道别

和人类相比，猫咪的寿命较短。野外生存的猫咪寿命一般在 5~8 年左右，有的甚至更短。家养的猫咪平均寿命在 10~12 年左右，有的猫咪寿命可以长达 15~18 年。

猫咪步入老年后，身体的各个器官都会出现老化，容易患上多种疾病，比如，肥胖的猫咪更可能罹患心血管疾病和内分泌疾病，有的猫咪会出现骨质疏松、视网膜病变等。

不可否认的是，猫咪总有一天会因疾病或年老而离开我们，这是每个主人都要面对的悲伤时刻。因此，我们所能做的就是趁猫咪还健在时， 尽力为其提供更好的健康管理，减少疾病对它们的困扰，让它们能够开心地走完一生。

🐱 猫咪临终前的表现

年老的猫咪在临终前会有一些反常的行为。

拒绝进食。猫咪在临终前几天身体机能会严重下降，失去进食欲望，就连往日它们最喜欢吃的食物也不能引起它们的兴趣。主人特意要求它们进食，它们最多会喝一点水作为回应。

神情萎靡。猫咪临终前大部分时间处在昏昏欲睡状态，对外界的声响不理不睬。对于主人的爱抚，它们会蹭两下主人的手，轻轻地叫两声作为回应，不像以前那样站起来围着主人打转或扑到主人怀中撒娇。

大小便失禁。猫咪临终前会出现随地撒尿拉屎的情况，也不再注重清洁身体，被毛显得脏兮兮的，身上还会有些难闻的气味。

独自离开主人。散养或半散养状态的猫咪感到自己即将离开人世时，大多会趁主人不注意时离开家，独自找一个安静之处，静静地等待死亡的来临。

🐱 如何料理猫咪的后事

陪伴我们多年的猫咪去世后，我们该如何料理它的后事呢？

清理猫咪的用品。将猫咪的用具消毒清洗后，可以选择一些作为留念，妥当保存。剩下的可以捐赠给宠物公益组织或者放在户外供流浪猫咪使用，让这些东西能继续发挥它们的价值，也是对猫咪的一种纪念。

第一种是埋葬。如果家里有院子或者小花园，可以用棉布包裹猫咪后埋在地下，需要挖至少 50 厘米深的坑，使其重新回归大自然。或者将猫咪安葬在野外，选择一个远离水源的地方，挖一个 2 米左右的深坑，将猫咪放入坑中，再将土回填。

第二种是火化。可以将猫咪的遗体送到大型宠物医院或者相关的火葬机构进行火化，然后可以将骨灰装入骨灰盒，寄存在宠物墓地或者埋在地下，也可以将骨灰撒在河里、田野中。

第三种是做成标本。有的主人非常疼爱猫咪，在它离世后，会请专业人士将猫咪做成标本，用这样的方式纪念和陪伴猫咪。

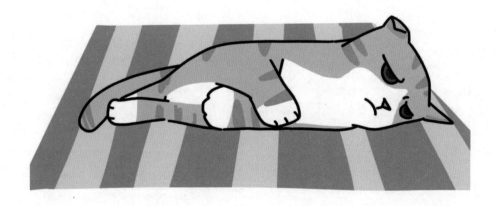